U0257437

图们江流域水生生物资源及生境现状

霍堂斌　户　国　王继隆　主编

中国农业出版社
北京

本 书 编 委 会

主　编：霍堂斌　户　国　王继隆

副主编：黄晓丽　栾培贤　宋　聘

编　委：张晓峰　郭佳祥　王　乐

王慧博　窦乾明　都　雪

赵　晨　李培伦　孙佳伟

高子涵　舒　静　陆益惠

FOREWORD 序

图们江发源于长白山山脉主峰东麓，独特的栖息生境孕育了特殊的鱼类区系。图们江流域鱼类共计 10 目 13 科 49 种。其中，冷水性及喜冷水性物种 20 种，鲑科 6 种，七鳃鳗科 3 种；列入国家Ⅱ级重点保护水生野生动物 5 种，列入吉林省重点保护水生野生动植物名录（第一批）物种 7 种。近年来，随着社会经济的发展，工、农业生产废水及生活污水的排放对图们江流域自然生态环境造成了不良的影响。同时，水利工程的建设直接改变了水文态势，目前图们江流域干、支流已建成水利工程枢纽和引水干渠几十座，阻隔了鱼类洄游通道，使得鱼类产卵场减少或消失，一些鱼类已处于濒危和极危状态。因此，全面、系统开展图们江流域水生生物资源保护和修复的研究，为科学保护、修复、规划、利用图们江水生生物资源提供可靠的科学依据已经迫在眉睫。

关于图们江流域水生生物研究报道少且零散，涉及流域面积小，缺乏连续性、系统性。中国水产科学研究院黑龙江水产研究所渔业资源与生态环境团队的科研人员，从 2013—2021 年历时 9 年，克服重重困难，在图们江下游干流和珲春河、密江河布设水生生物调查监测断面 19 个，对鱼类、浮游植物、浮游动物、底栖动物、水生植物等的种类、数量、生物量、分布时空变化等进行了全面系统的调查研究。调查期间采集了大量的标本，经过室内处理和研究，获得了丰富、可靠、科学的第一手数据。同时，团队走访和收集了大量资料，提高了调查结果的可靠性，并通过调查结果，评价了图们江流域水生生物资源现状，提出了保护措施。

　　本书是全体科研人员艰苦拼搏、辛勤奋斗的结晶，内容翔实全面、数据丰满可靠，可为图们江流域水生生物资源养护、修复、规划提供科学依据。时值本书出版之际，希望中国水产科学研究院黑龙江水产研究所渔业资源与生态环境团队再接再厉，取得更大的成果！

姜水发

2022 年 8 月

PREFACE 前言

　　图们江流域是长白山区水源涵养与生物多样性保护区的重要组成部分，流域涉及长白山生物多样性保护优先区域。该流域既是生态保护与建设重点地区，又是珍稀物种资源的生物基因库。图们江流域独特的地理、气候环境孕育了丰富、独特的水生生物资源。图们江下游分布有大麻哈鱼、马苏大麻哈鱼、驼背大麻哈鱼、三块鱼、珠星三块鱼、日本七鳃鳗、鲻、鲅等洄游性和河口性经济鱼类，具有极强的特异性。上游及其主要支流栖息有喜清冷急流的细鳞鲑、东北七鳃鳗、雷氏七鳃鳗、花羔红点鲑等珍稀濒危冷水性水生野生动物。在农业农村部财政专项"东北地区重点渔业水域渔业资源与环境调查"，政府购买公共服务"中俄朝边境水域渔业资源养护""东北边境水域渔业资源养护有关事项"等项目的支持下，中国水产科学研究院黑龙江水产研究所开展了图们江流域渔业资源与环境调查，为保护图们江特有水生生物种质资源、渔业生态环境及渔业可持续发展决策提供科学数据和技术支撑。

　　本书共有8章。第一章由栾培贤、户国、张晓峰、郭佳祥撰写，第二章由窦乾明、霍堂斌、都雪、宋聃、王乐撰写，第三章由黄晓丽、霍堂斌、户国撰写，第四章由霍堂斌、赵晨撰写，第五章由王继隆、李培伦、霍堂斌撰写，第六章由霍堂斌、王慧博、窦乾明、孙佳伟、高子涵、舒静、陆益惠撰写，第七、八章由霍堂斌、王继隆、户国撰写。本书适合水产、环境保护、水生生物等相关领域的科研人员与管理工作者阅读参考。

本项目的执行得到了农业农村部渔业渔政管理局的关心和指导，也得到了中国水产科学研究院、吉林省渔业渔政管理局及调查工作涉及区域地方政府有关部门的大力支持，在此表示诚挚的谢意！特别感谢中国水产科学研究院黑龙江水产研究所姜作发研究员一直以来对本研究给予的支持鼓励和业务指导！

本研究是中国水产科学研究院黑龙江水产研究所2013年以来对图们江水生态环境、水生生物资源研究成果的总结和梳理。由于编者时间和学识所限，书中难免存在一些疏漏，敬请广大读者批评指正。

编 者

2022 年 8 月

CONTENTS 目 录

第一章

图们江流域概况

第一节　地理位置及社会经济状况

一、地理位置

图们江发源于长白山主峰东麓，流向东北至密江折向东南，图们江国内干流长度 509.08 km（吉林省年地方志编委会，2020），先后流经和龙市、龙井市、图们市和珲春市，在珲春市敬信镇防川村"土"字牌处出境，经朝鲜、俄罗斯边界注入日本海，"土"字牌以下 15 km 为朝鲜俄罗斯界河，是我国通向日本海的唯一水上通道。中国与朝鲜两国约定"从红土水和弱流河汇合处起到中国朝鲜边界东端终点止，以图们江为界"。

图们江流域有名称的河流共计 257 条，有 2 条一级支流，分别为珲春河和嘎呀河。流域总面积 3.32 万 km²，其中中国侧流域面积 2.24 万 km²。中国侧流域地理位置介于东经 128°23′—131°18′、北纬 41°59′—44°01′，北临绥芬河流域，西邻西流松花江流域，南隔图们江与朝鲜咸镜北道、两江道相望，东部濒临日本海。流域上游大部分为原始森林区，中下游地区河谷平原面积虽少，但土地肥沃、气候温和、雨量充沛，特别是水源丰富，有良好的自然灌溉条件，适合发展水稻产业。

二、社会经济状况

（一）人口及分布

图们江流域在我国境内隶属吉林省延边朝鲜族自治州，流域覆盖延边朝鲜族自治州除敦化市以外的 7 个县级行政区，分别为延吉市、图们市、珲春市、龙井市、和龙市、汪清县及安图县。截至 2020 年底，图们江流域总人口 160.03 万人，占吉林省总人口的 6.65%；行政区域面积为 3.17 万 km²，占吉林省行政区面积的 16.92%，共有 75 个乡镇级行政单位。

受气候、地形、水土资源、矿产资源以及城镇分布等条件影响，流域内各地区人口分布不均，流域中下游地区延吉盆地、嘎呀河口地区、珲春盆地人口较为密集，而上游山区人口密度较低。全流域平均人口密度为 50 人/km²，低于吉林省人口密度平均水平（128 人/km²）。其中，延吉市人口密度较高为 319 人/km²，图们市人口密度为 109 人/km²，而位于嘎呀河上游区的汪清县人口密度较低，为 24 人/km²。

（二）流域社会经济状况

图们江流域 2020 年地区 GDP 共计 589.62 亿元，占吉林省当年 GDP 的 4.81%，占延边州 GDP 的 81.12%。其中，延吉市占流域 GDP 总量的 53.35%排名第一，图们市仅占流域 GDP 的 4.32%，位居最末。流域内的第二产业和第三产业 GDP 延吉市的占比均在 50%以上，分别为 54.30%和 58.13%。流域耕地面积 16.15 万 hm²，设施农业面积 488 hm²。规模化以上工业单位共有 195 家，主要分布在珲春市（57 家）和延吉市（51 家）。农民收入主要靠种植粮食、蔬菜和养殖业。农作物以水稻、烟叶为主，山坡地种植大豆、玉米、马铃薯、杂粮等。养殖业以延边黄牛为主，延边黄牛是我国五大地方良种牛之一。延边苹果梨享誉中外，此外山野菜采集是农民收入的又一来源。工业主要以木材加工业、造纸业、塑料工业、煤炭工业、火力发电、针织业、石油化工工业、食品和机械加工业为主。近年来，出境旅游和边境贸易等第三产业发展较快，流域内现代产业体系已初步形成，第一、第二、第三产业比例为 7.3∶33.8∶58.9。

第二节　地形地貌

在地质构造上，图们江流域位于长白山新华夏系第二褶皱隆起带的东部，流域内出露的地层有太古界、元古界变质岩系。图们江流域火山岩主要分布在图们江水系的河流附近，分布特征表明火山活动受断裂影响明显。图们江流域火山活动的产物主要为拉斑玄武岩，还出现少量的玄武质粗安岩、碱性玄武岩、粗面玄武岩和玄武质安山岩。火山岩层厚百余米至十余米不等，台地顶面较为平坦。由于区域内地壳的强烈升降运动，火山岩在河岸附近常形成陡崖状地貌。

图们江流域属于长白山脉的一部分，地势西高东低，自西南、西北、东北三面向东倾斜，呈多山地、少丘陵和平原的分布特点。流域内海拔最高点为长白山主峰白云峰，海拔 2 691 m；流域内海拔最低点为珲春市敬信镇防川村图们江下游中国、朝鲜、俄罗斯三国交界处，海拔仅为 5 m。图们江流域地形复杂多样，山脉众多。西南部有我国东北最高山系长白山，该区域山峰海拔多在 1 000 m 以上，地势较高，主要覆盖以原始森林，河流两岸河谷较深、较陡，河道深且狭窄，水流湍急，呈现 V 形山谷形态，河床多由卵石和砾石组成；西北部有位于敦化市与汪清县、龙井市、安图县之间的哈尔巴岭，安图县、龙井市、和龙市三地交界处的英额岭；北部有老爷岭；东部有汪清县的老松岭、珲春市和图们市的盘岭，该区域主要是海拔在 1 000 m 左右的山地，山势较平缓，大部地区有稀疏的次生林和针阔混交林。流域内丘陵面积较广，均在海拔 500 m 以下，地形起伏频繁，局部呈连续小残丘，河谷呈 U 形，漫滩阶地发育。低山丘陵间皆有平地和低洼地。流域内主要包括延吉盆地和珲春盆地，其余地区形成的盆地面积不大，主要散布在流域内河流两岸和山间的谷地。

图们江流域以朝鲜西头水汇入处、我国嘎呀河汇入处，作为图们江上、中和下游分界点。

图们江干流上游段，起于图们江河源，止于西头水汇入处。图们江河源由长白山东部的多股溪水汇合而成，红土水东流至和龙市崇善镇广坪村由广坪沟汇入，再流向东北。上游江段穿行于幽深狭窄的玄武岩深谷中，两岸高山起伏，森林茂密，岸坡多为险峻的悬崖峭壁，平均高达 30～40 m，两岸河谷呈现典型的不对称山间平原地貌。河槽窄，平水期水面宽 10～20 m，洪水期水面宽 50～100 m。河道平均比降 0.437%，自和龙市南坪镇之后，江面逐渐开阔，水流逐渐平缓。

图们江干流中游段，起于西头水汇入处，止于嘎呀河汇入处。西头水汇入干流后，水量猛增，河面展宽，水流变缓，水文特征同上游比较有了明显的差别。河流多单股无汊，江中形成岛屿和沙洲。江面平均宽度60～240 m，水深 1.2～3.0 m，大洪水时江面宽度可达 200～1 000 m，水深 4～13 m。水位猛涨猛落，变化剧烈，常造成洪水灾害。中游段河道蜿蜒于群山之间，两岸形成束放相间的河谷盆地，土质肥沃，适于耕种。龙井市三合镇以下河床多为砂卵石，局部弯曲、河段冲刷剧烈，形成许多岛屿或沙洲；进入图们市后，河床由砂卵石过渡到细沙，河道形态异常弯曲。

嘎呀河汇入以下为图们江干流下游段。河流两岸地势平坦开阔，河道比降变缓，平均比降为 0.025%。江面宽阔、水流平缓，河体最宽处可达1 000 m 以上，大洪水时可达 2 000 m。河床多为细沙，不稳定，主流摆动，多岔流、岛屿、沙洲。沿江盆地土质肥沃，农业发达。

第三节　气候水文

一、气候特征

图们江流域属于中温带湿润和半湿润季风气候区，春季干燥多风，夏季温热多雨，秋季凉爽少雨，冬季寒冷期长。流域内年平均气温为 2.0～6.0 ℃，平均气温大致随海拔高度和纬度的增高而递减，东部高于西部，盆地高于山地。极端最低气温在 −34～−23 ℃，最高气温在 34～38 ℃，无霜期为 100～150 d。年日照时数 2 150～2 648 h。图们江流域年降水量随地形高度的增加而递增，山地多于河谷平原和丘陵区，离海越近降水量越大。随着水汽由东南日本海向流域西北方向移动，在珲春市中国俄罗斯交界的山脉处年降水量较大，达到 700～850 mm，水汽进入到流域腹地图们、延吉、龙井盆地时年降水量减至 400～600 mm，在长白山山脉和哈尔巴岭一带年降水量又增至 600～750 mm。降水季节性变化较大，6—9 月降水占全年降水量的 70% 以上。流域多年平均蒸发量 650～800 mm，平均风速 2.3～3.6 m/s。流域上游为高山气候，气温低，雨量多，相对湿度大，适合于林木生长；流域下游受海洋影响，气候温和，无霜期长，雨量丰富；流域中游属于过渡区，气候干暖。

二、水文特征

（一）径流

图们江流域多年平均径流深变化较大，在 150～450 mm。年径流深等值线同降水量等值线的走向基本相同，与地形的变化关系密切。在地势较高的山脉如英额岭、哈尔巴岭、中国俄罗斯交界山脉处，年径流深 350～450 mm。流域腹地河谷平原径流深则逐渐减少，如延吉、图们一带年径流深 150 mm。图们江流域多年平均径流量 74.70 亿 m^3，其中中国侧为 51.56 亿 m^3，占全流域的 69.0%。

受季节性气候的影响，径流量年内变化较大。径流量多年变化特征为丰枯水年交替循环明显，但周期不固定，丰枯具有连续性，而平水年表现不明显。图们江径流年内分配极不均匀，汛期流量特别大，径流量集中。通常情况下，每年 3 月河流开始解冻，水量逐步增加，4 月中旬常出现一个小桃花汛。随着雨季来临，河水继续增加，至 6 月河流进入汛期，10 月又进入枯水期，在 11 月初至次年 3 月河流封冻。6—9 月径流量占年径流量的 63%～70%；4—5 月、10—11 月占年径流量的 25% 左右；在冬季 12 月至次年 3 月，由于大地封冻，地下水对河流补给逐渐变小，有些支流时有发生断流现象。径流量年际变化也很大，最大与最小径流量之比平均为 4.0 左右，极端情况下可达到 6.8。

（二）洪水

图们江流域各河流属于山溪性河流，洪水主要由暴雨产生。流域形成暴雨的天气系统主要是台风和气旋，暴雨的特点是范围广、强度大，暴雨一般集中在每年的 7 月和 8 月，其中 8 月中下旬尤为集中，暴雨一般历时为 3 天，但主要集中在 24 h。图们江流域每年都有春汛和夏汛。春汛一般出现在 3 月下旬至 5 月上旬，春汛洪水历时一般在 3～5 天，洪峰形态较平缓，洪峰流量不大，春汛水量占年径流量的 10%～15%。夏汛一般出现在 7—9 月，尤以 8 月中下旬最多，是该流域发生洪水的主要时期，且大洪水均由台风暴雨形成，其中以 24 h 内的短历时暴雨为大洪水的主要来源。当台风路经该流域时，由于山脉抬升作用，多在流域上游或中游产生强度大、降水量大的暴雨，加之流域上游坡度陡且岩层透水性差、水流汇流速度比较快，易造成洪水。洪水特点是陡涨陡落，洪峰流量大，历时短、范围广，出现时间比较集中，来势迅猛，涨洪历时一般为 1～3 d，落洪历时一般为 10～15 d。短历时暴雨造成的洪水多为单峰型；笼罩全流域的大范围降雨，其洪水多为多峰型。

根据资料记载及调查，1949 年前图们江比较大的洪水发生在 1914 年、1925 年、1926 年、1928 年和 1938 年。1949 年之后又发生数次，分别为 1957 年、1962 年、1965 年、1986 年、1995 年和 2000 年，其中 1914 年洪水为历史最大洪水。图们江流域圈河代表站的洪水特征值见表 1-1。

表 1-1 图们江流域圈河代表站洪水特征统计

代表站	年平均发生次数	最大洪峰模数 [m³/(s·km²)]	洪水过程形状	峰量比
圈河	1.27	0.355	不对称	3.86

（三）泥沙

图们江流域上游多为植被状况良好的原始森林和次生林，而中下游是丘陵荒地和河谷平原，植被覆盖度相对较低且大部分是农田。图们江流域含沙量最大的河流是图们江干流和布尔哈通河，多年平均含沙量在 1.0 kg/m³ 左右，河流泥沙量变化大体与径流量变化相吻合。河流泥沙的季节变化大，变化过程与径流的变化过程大体一致，高含沙量主要集中在汛期。采用 1956 年至 2000 年磨盘山、圈河两个水文站实测泥沙资料，经估算发现图们江流域平均每年从山地、丘陵被河流带走的泥沙约 445 万 t。其中，从中国一侧河流输入界河沙量约 314 万 t，占图们江总输沙量的 70.6%。图们江主要江河代表站输沙量见表 1-2。

表 1-2 图们江主要江河代表站输沙量

河流名称	站名	统计年段	年平均含沙量（kg/m³）	输沙模数（t/km²）	多年平均输沙量（万 t）	多年平均径流量（亿 m³）
布尔哈通河	磨盘山	1956—1979	0.728	155	100	1 162
		1980—2000	0.861	208	135	1 316
		1956—2000	0.790	180	116	1 234

（续）

河流名称	站名	统计年段	年平均含沙量（kg/m³）	输沙模数（t/km²）	多年平均输沙量（万 t）	多年平均径流量（亿 m³）
图们江干流	圈河	1956—1979	0.527	133	423	7 250
		1980—2000	0.608	148	470	7 036
		1956—2000	0.565	140	445	7 150

（四）冰情

图们江一般 11 月上旬开始流冰，12 月初稳定封冻，次年 4 月初开江，稳定封冻天数为 120 天左右。根据图们江下游河东、圈河水文站资料分析，河东水文站多年平均稳定封冻天数为 121 d，最长封冻天数为 142 d，最短封冻天数为 103 d；圈河水文站多年平均稳定封冻天数为 122 d，最长封冻天数为 140 d，最短封冻天数为 101 d。稳定通航天数为 230 d 左右。平均冰厚 0.65 m，最大冰厚 1.18 m。

三、主要自然灾害

（一）洪灾

图们江流域暴雨具有强度大、洪峰高、历时短的特点，暴雨不仅造成严重的水土流失，而且冲毁坝库、梯田、村镇，造成很大危害。例如，1986 年图们江发生 20 年一遇的洪水，堤防有 10 处因洪水漫顶而遭破坏，淹没农田 0.71 万 hm²，农田被河砂覆盖 12 hm²，倒塌房屋 2 618 栋，冲毁公路 2 800 m，冲毁鱼池 0.15 万 hm²，直接经济损失 1.5 亿元。

（二）旱灾

图们江流域上中游河谷平原地区，受气候因素影响，平均降水量小，多有旱灾，且以春旱为主。据记载，延吉市 1958 年、1969 年、1970 年、1976 年、1977 年、1980 年、1985 年都曾发生旱灾，旱象严重时，持续几月无雨，布尔哈通河水深不足 0.67 m，延吉河几乎断流。图们市、和龙市发生春旱的概率为 40% 左右，直接影响农作物产量。2003 年 5—6 月图们江流域发生严重旱灾，造成流域内 6 个县市大部分城乡生活和生产用水

困难，图们市、龙井市、汪清县城市缺水率分别达到 62.3％、51.8％和
58.3％，缺水程度达到了重度级别。

（三）低温冷害

图们江流域紧靠日本海，受海洋回流天气系统的影响，气候温和。年
温差较小，多阴寡照，雨量充足，容易发生低温冷害，特别是在图们江下
游地区，延迟型低温冷害常造成农作物减产，是影响农业生产稳产高产的
主要自然灾害。积温不足是造成冷害的主要原因，≥10 ℃活动积温比历
年平均值低 50 ℃以上算低温冷害年。根据珲春市 1960—2008 年气象资料
统计，珲春市历年≥10 ℃活动积温约为 2 700 ℃，自 1960 年以来该市共
发生 22 次低温冷害，出现频率为 45.8％，造成农作物的大量减产。延吉
市也经常遭受低温冷害，1954 年、1957 年、1971 年、1974 年、1985 年
均发生较严重的延迟性冷害。

第四节　自然资源

图们江流域矿产资源种类较多，其中煤炭、油页岩、石灰石、黄金、
铁、钨、钼等储量巨大。图们江流域动植物资源丰富，盛产被誉为"东北
三宝"的人参、鹿茸、貂皮，其中参茸产量居世界第一；大米、黄牛、食
用菌、烟叶、蜂蜜、五味子、苹果梨等特色产品驰名中外。

流域内土壤类型主要有灰化土、暗棕壤、白浆土、草甸土、沼泽土、
风沙土、水稻土等，暗棕壤和白浆土是分布最广泛的土壤。在山区主要为
山地暗棕壤，在山区低平洼地、河谷等潮湿地域分布有沼泽土；在海拔高
度大于 1 200 m 以上的中山上部分布有针叶林灰化土；在阔叶林和次生杂
木林为主的台地丘陵地区有灰棕色、酸性的白浆土；河谷盆地以草甸土和
水稻土为主。

图们江流域植被是以红松为主的针阔叶混交林，流域内植被类型多
样，种类丰富，包括真菌到被子植物七大类别，高等植物分属于 4 纲 54
目 134 科，共计 2 090 种。图们江流域的植被是典型的长白山植物区系，
主要森林植被景观有长白落叶松林、针叶林、白桦林、柞树林、阔叶混
交林等。该区内高程相差较大，垂直带谱清晰。海拔 1 800 m 以上，以

岳桦树为代表的上部阔叶林层，混杂有鱼鳞云杉、红皮云杉、臭冷杉等；海拔在 1 600～1 800 m 为针叶林层，以鱼鳞云杉、长白落叶松为多见；海拔 600～1 600 m 为针阔混交林层，针叶树为红松，阔叶树为色木槭、蒙古栎、白桦等；海拔 600 m 以下为阔叶林层，在流域内广泛分布，以蒙古栎为最多，其次是椴、槭、山杨、水曲柳，灌木有榛子、胡枝子等。流域森林资源非常丰富，木材生长量约为 169.30 万 m³/年。

图们江流域气候适宜、地形独特，森林、湿地、水域和山地交互混杂，为野生动物的生存提供了良好的自然环境。该流域在全国动物地理区划上属古北界东北区长白山地亚区。该流域内的野生动物资源丰富、分布广泛，共有高等动物 422 种，分属于 6 纲 38 目 87 科。其中，鸟纲种类最多，为 291 种；哺乳纲和硬骨鱼纲次之，分别为 66 种和 38 种。主要动物有东北虎、金钱豹、紫貂、原麝、梅花鹿、丹顶鹤、金雕、白尾海雕、虎头海雕、黑鹳等。

图们江流域分布着一些具有重要保护意义的湿地类型自然保护区、国家级水产种质资源保护区和重要鱼类生境地，主要有密江河大麻哈鱼国家级水产种质资源保护区、珲春河大麻哈鱼国家级水产资源保护区、和龙红旗河马苏大麻哈鱼陆封型国家级水产种质资源保护区等。

第五节　图们江支流

图们江两岸支流比较发达，水量比较丰富。沿途接纳 10 km 以上的支流 180 条，30 km 以上的支流 30 条。我国侧主要有红旗河、嘎呀河（包括布尔哈通河、海兰河、汪清河）、珲春河等较大支流汇入；朝鲜侧汇入的较大的支流有西头水、城川江、会宁川和五龙川等。图们江流域主要支流情况见表 1-3。

红旗河发源于和龙市龙城镇甑峰岭，是图们江上游中国侧较大的支流，为山涧溪流性河流，纬度较高，常年水温偏冷，河流流速较快，水较浅，底质以巨石、卵石和石砾为主，为季节性冰封河流。流经地域主要为

表 1-3 图们江流域主要支流基本情况

河流名称	河长 (km)	流域面积 (km²)	多年平均径流量 (亿 m³)	备注
红旗河	65.8	1 199	2.28	图们江一级支流
嘎呀河	206.0	13 347	26.87	
珲春河	198.0	3 963	14.53	
布尔哈通河	172.0	6 847	13.48	嘎呀河支流
汪清河	85.9	1 250	2.92	
海兰河	145.0	2 934	5.40	布尔哈通河支流

林区,流域植被覆盖率高,污染和人为活动干扰相对较小,水质和水生态环境现状良好,水生生物资源丰富,是细鳞鲑、哲罗鲑等多种珍稀冷水性鱼类的重要聚居区。在崇善镇上天村东南注入图们江,河流全长 65.8 km,河道平均比降 0.5%,流域面积 1 199 km²。

嘎呀河为图们江最大支流,发源于汪清县东新乡老爷岭山脉三长山峰东南,从北向南横贯于汪清县中部,于图们市东北侧向阳村附近汇入图们江。嘎呀河在天桥岭以上多高山峡谷;天桥岭以下至西崴子,河谷宽,河道弯曲,河槽狭窄水深;西崴子以下两岸地形开阔,河谷宽。沿途纳入的较大支流有布尔哈通河、海兰河、汪清河等。流域东部与珲春市相连接,西部与敦化市、龙井市、延吉市相接。河流全长 206 km,河道平均比降 0.16%,流域面积 13 347 km²。

二级支流布尔哈通河,金代称星显水,河长 172 km,河道平均比降 0.19%,流域面积 6 847 km²,主要支流有海兰河。发源于安图县亮兵镇哈尔巴岭东麓,流向东偏南,横贯延边州中部平原盆地,由西向东流经安图县、龙井市、延吉市,在图们市红光乡下嘎村附近汇入嘎呀河。布尔哈通河河谷较开阔,河道弯曲,河槽宽浅,河底为沙、卵石。沿河两岸水土流失较大,20 世纪 60 年代以来,受工业废水污染,河水浑浊,呈褐色。在海兰河河口以下,河谷较窄,曲流发育。

海兰河发源于和龙市与安图县交界的英额岭,河源海拔 1 395 m,流向东偏北，贯穿和龙、龙井两市，沿途有蜂蜜河、长仁河、福洞河、六道河等支流汇入，流至延吉市以东的和龙村附近，注入布尔哈通河，干流河长 145 km，河道平均比降 0.3%，流域面积 2 934 km²。河流两侧植被良好，土质肥沃，是延边州著名的水稻产区。

汪清河发源于汪清县十里坪乡雪岭，发源地地面高程为 988 m，河流由东南往西北方向流，在汪清县东振乡柳树河屯西南汇入嘎呀河，河长 85.9 km，河道平均比降 0.5%，流域面积 1 250 km²。

珲春河位于图们江干流下游，河流发源于秃头岭。流域东部为俄罗斯，北部为黑龙江省，西部与汪清县相连，河流全长 198 km，河道平均比降 0.1%，流域面积 3 963 km²。流域内自然生态保存完好，流量丰富，现已建有大型水库老龙口水库。

◇ 参考文献

柴新新，赵妍，冯江，等，2003. 图们江流域（中国境内）生物多样性及其能值估算 [J]. 农业与技术，23（1）：44-45.

李连侠，2013. 图们江流域主要支流生态环境需水量研究 [D]. 延吉：延边大学.

金爱芬，2007. 图们江下游延迟型冷害与厄尔尼诺（拉尼娜）事件 [J]. 延边大学农学学报，29（1）：14-18.

仇晓雪，2021. 气候变化与人类活动影响下图们江跨境流域生态系统功能时空变化研究 [D]. 延吉：延边大学.

宋聘，霍堂斌，王秋实，等，2020. 红旗河夏季大型底栖动物群落结构及水质生物学评价 [J]. 水产学杂志，33（3）：42-49.

孙凡博，余凤，赵春子，2019. 图们江干流流域气候因素对径流影响变化分析 [J]. 安徽农业科学，47（21）：1-4.

朴哲洙，韩京龙，2017. 布尔哈通河泥沙变化分析 [J]. 东北水利水电，35（11）：35-36.

王团华，2006. 长白山区图们江流域新生代火山活动及其构造意义 [D]. 北京：中国地震局地质研究所.

谢航，杨成禄，李万石，等，1992. 延边地区经济植物 [M]. 长春：吉林大学出版社.

赵春子，李春景，南颖，2008. 图们江下游流域近 50 年径流变化研究 [J]. 延边大学学报（自然科学版），34（4）：306-310.

朱卫红，孙鹏，付婧，等，2013. 近 50 年图们江流域湿地景观格局动态变化过程及生态

环境效应研究 [C].//中国地理学会2013年(东北地区)学术年会论文集：52.

邹嘉琪，权赫春，2019. 基于GIS的图们江流域洪水灾害危险性分析 [J]. 延边大学学报（自然科学版），45（4）：370-374.

祝廷成，1999. 中国长白山高山植物 [M]. 北京：科学出版社.

第二章
水生生物调查方法与河流生境

第一节　调查方法

水生生物现状调查主要依据《内陆水域渔业自然资源调查手册》（张觉民，1991）、《河流水生生物调查指南》（陈大庆，2014）、《淡水浮游生物研究方法》（章宗涉，1989）、《淡水渔业资源调查规范河流（SC/T 9429—2019)》、《淡水浮游生物调查技术规范（SC/T 9402—2010)》等进行。

一、浮游植物

1. 定性样品的采集

浮游植物的定性样品采集采用 25 号浮游生物网（孔径 0.064 mm），在表层以∞形循环缓慢拖网 5 min 左右，样品用 4％甲醛溶液固定。

2. 定量样品的采集

在断面的左、中、右的调查断面分别采集表层水（离水面 0.5 m 处）和底层水（离泥面 0.5 m 处）各 1 L，混匀后取 1 L，加入鲁哥氏液 15 mL 固定。

3. 室内观察与鉴定

定量水样带回实验室后，在分析前先置入分液漏斗中静置 48 h，用虹吸法仔细取出上清液，浓缩至 40 mL，放入 50 mL 的定量样品瓶中，用少量上清液冲洗沉淀器 2～3 次，定容至 50 mL 以备计数。

将定量样品充分摇匀，迅速吸出 0.1 mL，置于 0.1 mL 计数框内（面积 20 mm×20 mm）。盖上盖玻片后，在高倍镜下选择 3～5 行逐行计数鉴定。每瓶标本计数两片取平均值，同一样品的两片标本计数结果与其平均值之差小于 10% 为有效计数，否则需测第三片，直至符合要求。浮游植物的鉴定主要依据《中国淡水藻类》（胡鸿均，1980）、《淡水生物学（上册）》（何志辉，1985）、《中国淡水生物图谱》（韩茂森，1995）和《中国流域常见水生生物图鉴》（王业耀，2020）等。1 L 水中的浮游植物个数（密度）用以下公式计算：

$$N=\frac{N_0}{N_1}\times\frac{V_1}{V_0}\times P_n$$

式中：N 为 1 L 水样中浮游植物的数量（个/L）；N_0 为计数框总格数；N_1 为计数过的方格数；V_1 为 1 L 水样经浓缩后的体积（mL）；V_0 为计数框容积（mL）；P_n 为 1 L 水样计数的浮游植物数量（个/L）。

浮游植物的相对密度接近 1，可直接采用体积换算成重量（湿重），大多数藻类的细胞形状较规则，可用形状相似的几何体积公式计算其体积，测量必要的长度、高度、直径等，每一种类至少随机测定 50 个，求出平均值。所有藻类生物量的和即为 1 L 水样中浮游植物的生物量，单位为 mg/L。

二、浮游动物

1. 定性样品的采集

选择不同的水域区域，用 25 号或 13 号浮游生物网（0.112 mm）在水面下 0.5 m 水深处缓慢作 ∞ 形循环拖动 2～3 min，将采得的水样装入编号瓶，原生动物和轮虫每升水样加鲁哥氏液 15 mL，枝角类和桡足类加 5% 甲醛溶液固定。

2. 定量样品的采集

原生动物和轮虫定量样品可用浮游植物定量样品。枝角类和桡足类定量样品应在定性采样前用采水器采集，每断面的各调查断面均采集水样 10 L，用 25 号浮游生物网过滤浓缩，过滤物放入 1 L 标本瓶中，并用滤出水洗过滤网 3 次，所得过滤物也放入上述瓶中，加 5% 甲醛溶液固定。

3. 室内观察与鉴定

水样的沉淀和浓缩同浮游植物。原生动物和轮虫的计数与浮游植物计数合用一个样品，其中原生动物计数时吸出 0.1 mL 样品，置于 0.1 mL 计数框内，在 10×20 倍显微镜下全片计数鉴定；轮虫计数时吸出 1 mL 样品，置于 1 mL 计数框内，在 10×10 倍显微镜下全片计数；枝角类和桡足类计数时用 5 mL 计数框将样品分数次全部计数。每瓶样品均计数两片，取其平均值。浮游动物的鉴定主要依据《中国淡水轮虫志》（王家楫，1961）、《淡水生物学（上册）》（何志辉，1985）、《中国淡水生物图谱》（韩茂森，1995）和《中国流域常见水生生物图鉴》（王业耀，2020）等。单位体积水样中的浮游动物数量按以下公式计算：

$$N = \frac{V_s}{V} \times \frac{n}{V_a}$$

式中：N 为 1 L 水样中浮游动物的数量（个/L）；V 为采样的体积（L）；V_s 为样品浓缩后的体积（mL）；V_a 为计数样品体积（mL）；n 为计数所获得的个体数（个）。

三、底栖动物

1. 定性样品的采集

在调查断面附近选取具有代表性的河滩，在河岸及浅水处拾取大型底栖动物，石块上的底栖动物用镊子小心夹取，如底质为沙或泥则用铁铲铲出泥沙，用 40 目分样筛淘洗和筛选出样本，所采集大型底栖动物用 4% 甲醛溶液固定后带回实验室，再移入 75% 酒精中长期保存（霍堂斌等，2013）。在室内进行种类鉴定、个体计数、称重（0.000 1 g 天平），再换算成每平方米的种类密度及生物量（湿重）。底栖动物的鉴定主要依据《中国经济动物志：淡水软体动物》（刘月英，1979）、《水生昆虫学》（津田松苗，1989）、《中国大陆蜉蝣目分类研究》（周长发，2002）和《中国小蚓科研究》（王洪铸，2002）等。

2. 定量样品的采集

定量采集分为两种，一种是泥底断面使用 1/16 m² 彼得逊采泥器采集底泥，每个调查断面随机采集 2～3 次，底泥采用 40 目和 60 目分样筛进行筛选；另一种是在河滩及浅水处用刷石法取样，通过测量附着面石头的面积进行定量计算。将每个断面采集到的底栖动物样品，按采集编号逐号进行整理，所采标本鉴定到属或种，再分种逐一进行种类数量统计。

四、水生维管植物

1. 定性样品的采集

采集水深 2 m 以内的物种和优势种，挺水植物用手采集；浮叶植物和沉水植物用水草采集耙采集；漂浮植物直接用手或带柄手抄网采集。采集的样品尽量完整。水生维管植物的鉴定主要依据《中国水生维管束植物图谱》（中国科学院武汉植物研究所，1980）和《辽河保护区常见水生维管束植物图谱》（曲波等，2015）等。

2. 定量样品的采集

选择密集区、一般区和稀疏区采样。挺水植物用 1 m² 采样方框采集，采集时，将方框内的全部植物从基部割取。沉水植物、浮叶植物和漂浮植物用采样面积为 0.25 m² 的水草定量夹采集。每个调查断面采集 2 个平行样品。

五、鱼类

1. 资料收集

选用 20 世纪 80 年代作为历史基点。调查评价流域鱼类历史调查数据或文献，主要参考《渔业资源评估》（詹秉义，1995）、《东北地区淡水鱼类》（解玉浩，2007）、《黑龙江省渔业资源》（张觉民，1985）、《黑龙江省鱼类志》（张觉民，1995）、《黑龙江流域鱼类》（尼科里斯基，1960）、《黑龙江鱼类》（任慕莲，1980）、《中国淡水冷水性鱼类》（董崇智，2000）和《黑龙江水系（包括辽河水系及鸭绿江水系）渔业资源调查报告》等，基于历史调查数据分析统计评估河流的鱼类种类数。在此基础上，开展专家咨询调查，确定河流所在水域生态分区的鱼类历史背景状况，建立鱼类指标调查评估预期。采取实地踏勘、走访等方式，获取第一手资料。

2. 鱼类区系组成

根据鱼类区系的调查方法，采取定点捕捞、市场收集与走访相结合的方法。保护区鱼类资源调查需要采集鱼类标本，搜集有关的历史文献资料。通过对标本的分类鉴定和历史资料的分析整理，依分类学的方法研究鱼类的种属名称、地位、种类组成、地理分布及其种类演变情况，编制出鱼类种类组成名录。鱼类鉴定主要依据《中国淡水鱼类检索》（朱松泉，1995）、《鱼类学（形态分类）》（孟庆闻，1989）、《鱼类分类学》（孟庆闻，1995）、《中国经济动物志：淡水鱼类》（伍献文，1963）、《分门鱼类学》（尼科里斯基，1958）、《中国淡水鱼类的分布区划》（李思忠，1981）、《中国动物志·硬骨鱼纲·鲤形目（中卷）》（陈宜瑜，1998）、《中国花鳅亚科鱼类系统分类的研究》（陈景星，1981）、《中国条鳅志》（朱松泉，1989）、《中国鲤科鱼类志》（伍献文，1982）、《日本列岛产淡水鱼类总论（日文）》（青柳兵司，1957）等。

3. 鱼类资源现状

鱼类资源量的调查采取社会捕捞渔获物统计分析，结合现场调查取样进行。采用访问和统计表方法，调查资源量和渔获量。向当地渔业主管部门、渔政管理部门及渔民调查了解渔业资源现状以及鱼类资源管理中存在的问题。对渔获物资料进行整理分析，得出各站点主要捕捞对象及其在渔获物中所占比例，以判断鱼类资源状况。

4. 生物多样性

Shannon - Wiener 指数（H'）（Shannon，1963）：

$$H' = -\sum_{i=1}^{S} P_i \log_2 P_i$$

Pielou 均匀度指数（J'）（Pielou，1975）：

$$J' = (-\sum P_i \log_2 P_i)/\log_2 S$$

Simpson 指数（D）（马克平，1993）：

$$D = 1 - \sum [n_i(n_i - 1)/N(N-1)]$$

式中，S 为总物种数；P_i 为 i 物种的个体数占总个体数的比例；n_i 为 i 物种的个体数；N 为所有种的个体总数。

第二节　调查时间和调查断面

一、调查时间

项目组先后开展了 5 年度的调查走访工作。其中，2019 年 5 月、7 月，2020 年 7 月对流域内鱼类、浮游生物、底栖动物和水生维管植物资源进行了现状调查，并走访珲春、图们、延吉、和龙、龙井、安图等县市渔业行政主管部门。同时，参考 2013 年 5 月、2015 年 9 月、2016 年 5 月、2016 年 7 月、2016 年 9 月、2017 年 5 月、2018 年 10 月、2019 年 10 月、2020 年 10 月、2021 年 10 月的流域内鱼类调查结果。

二、调查断面

图们江下游干流和及珲春河、密江河水生生物调查布设监测断面 19 个。鱼类资源调查以区域调查为主，不设固定的调查监测断面。鱼类资源量、鱼类生物学特性调查及渔获物统计分析以现场和调研为主（调查期间联系当地渔业行政主管部门，在当地渔民的配合下开展鱼类调查）。鱼类"三场一通道"调查为现场调查，结合河道形态、相关人员走访以及历史资料作为参考。各调查断面分布见表 2-1。

表 2-1　图们江调查断面分布

水域	调查断面	东经	北纬	海拔（m）
干流	崇善镇	128°59′47.34″	42°05′27.9″	556
	南坪镇	129°12′13.44″	42°15′44.46″	447
	白金	129°24′15.95″	42°26′52.05″	302
	三合镇	129°44′18.3″	42°29′2.28″	217
	香干子沟	130°04′14.88″	42°58′21.54″	72
	沙坨子	130°15′09.72″	42°49′19.10″	55
	防川	130°35′35.88″	42°25′57.6″	10

（续）

水域	调查断面	东经	北纬	海拔（m）
红旗河	沙金沟	128°46′59.16″	42°21′27.96″	817
	许家洞	128°45′23.13″	42°21′09.30″	811
	苗圃	128°47′41.83″	42°29′29.80″	755
	百里村	128°47′06.11″	42°14′50.94″	718
	百里村下游	128°48′22.53″	42°13′11.47″	713
	石人沟	128°50′53.4″	42°10′58.8″	680
	长森岭	128°44′40.00″	42°10′10.18″	766
	长红林场	128°40′57.48″	42°12′02.01″	807
	红旗河桥	128°58′53.16″	42°05′35.40″	583
海兰河	关门	12°01′20.94″	42°36′11.04″	400
	水东	129°27′48.77″	42°43′41.01″	301
	王集坪	129°00′55.59″	42°42′48.64″	393
	松下坪	128°56′40.87″	42°30′11.11″	516
	河东村	129°38′10.70″	43°26′07.79″	237
布尔哈通河	崇山村	128°55′50.64″	43°04′23.16″	338
	老头沟	129°09′22.26″	42°53′38.46″	239
	长安	129°40′23.22″	43°02′28.68″	123
	新建屯	129°53′21.41″	43°18′9.18″	259
嘎呀河	天桥岭	129°38′28.32″	43°34′47.64″	277
	东明阁	129°40′2.16″	43°19′38.34″	209
	302国道大桥	129°46′49.74″	43°00′45.78″	104
	八人沟林场	129°43′57.52″	43°46′18.65″	428
	响水林场	129°46′19.66″	43°43′58.48″	426
	大石林场	129°16′49.92″	43°26′46.15″	408
	仲兴	129°34′11.75″	43°27′02.98″	254

（续）

水域	调查断面	东经	北纬	海拔（m）
珲春河	塔子沟	130°49′24.84″	42°56′7.62″	133
	三道沟林场	130°43′32.1″	43°04′40.2″	252
	梨树沟	43°09′20.96″	131°03′39.12″	185
	太平沟	43°14′09.04″	131°01′05.92″	237
	兰家趟子	43°18′52.33″	131°09′04.21″	265
	老龙口坝下	130°37′08.63″	42°58′28.42″	79
	杨泡	130°30′47.19″	42°55′49.09″	64
	马川子	130°23′59.70″	42°51′56.52″	36
	珲春桥	130°22′18.35″	42°50′38.06″	33
	珲春河口	130°15′24.66″	42°43′46.97″	16
石头河	斐地方	130°2′8.76″	43°2′56.82″	121
密江河	三安村	130°18′33.19″	43°05′57.74″	166
	窑房子	130°12′46.90″	43°04′44.78″	130
	中岗村	130°14′41.16″	43°03′45.45″	114
	下洼村	130°11′30.11″	43°02′33.74″	98
	密江河口	130°08′46.30″	42°59′07.80″	69
依兰河	明朗村	43°15′29.01″	128°59′5.79″	325

第三节　河流生境描述

一、图们江干流

1. 地貌类型

图们江隶属长白山地区，海拔自西南、西北、东北三面向东部递减，以珲春一带最低。流域内山脉纵横、地形复杂，分布有山地、丘陵、平原等地貌类型，其中流域面积的 86.7% 为山地、6.4% 为平原、5.4% 为台地、1.5%为丘陵。流域内超过 1 000 m 海拔的山峰主要有北部的穆陵富集岭、老爷岭，东部的盘岭、老松岭，西北部的英额岭、哈尔巴岭和西南部的长白山（林哲浩，1999）。

图们江干流上游为中国河源至朝鲜侧西头水汇入处，河段处于 V 形的玄武岩谷中，谷深壁峭，平均高度达 30～40 m，两岸起伏，森林茂密（仇晓雪，2021）。河道窄深，水流湍急，河道平均比降为 0.437%，形成河谷盆地，两岸河谷为不对称的典型山间平原地貌，常见河流一侧靠山，另一侧为阶地。

图们江干流中游为朝鲜侧西头水汇入口至中国嘎呀河汇入口。西头水汇入后，水量增幅较大，流速降低，河面展宽，水文特征及河性与上游差别明显。龙井市三合镇以下河床以砂卵石为主，较为稳定，河段冲刷强烈，产生诸多沙洲及岛屿；进入图们市江段，河床过渡为细沙，河道弯曲异常。中游河段全长约 241 km，河道两岸形成束放相间的河谷盆地，土质较为肥沃，适于耕种（孙凡博，2019）。

图们江干流下游为嘎呀河汇入口以下。两岸地势开阔平坦，河道平均比降为 0.025%，远低于上游。流速平缓，江面宽阔，河床以细沙为主，稳定性低于中游，主流摆动，多沙洲、岔流、岛屿。沿江盆地土质肥沃，农业活动频繁。

2. 气候特征

图们江流域地处中温带湿润及半湿润季风气候区。四季差异明显，春季多风干燥，夏季高温多雨，秋季少雨凉爽，冬季低温寒冷。年均气温在 2～6 ℃，受地形与海拔的影响，各气候要素在垂直方向上变化显著，平均气温与海拔高度和纬度呈负相关，盆地高于山地，东部高于西部（冯婧，2014）。极端最高气温为 34～38 ℃，最低气温为 -34～-23 ℃，无霜期为 100～150 d，年均降水量为 823.7 mm，年径流深 258 mm，年径流总量 13.17 亿 m³（苗承玉，2011；徐万玲，2013）。全年四季风速存在差异，其中春季平均风速最大为 2.93 m/s，其次是冬季和秋季，平均风速分别为 2.67 m/s 和 2.16 m/s，夏季平均风速最小，为 1.99 m/s（孙凡博，2019）（图 2-1 至图 2-7）。

图 2-1　崇善镇（春）

　　pH 7.85，溶解氧 9.32 mg/L，透明度 0.15 m，流速 0.8～1.2 m/s，水温 13 ℃，平均水深 1.2 m，底质主要为卵石、石砾和细沙，周边无农田

图 2-2　南坪镇（春）

　　pH 7.88，溶解氧 9.21 mg/L，透明度 0.1 m，流速 0.5～1.1 m/s，水温 12 ℃，平均水深 0.9 m，底质主要为卵石、石砾和细沙，周边有少量农田

图 2-3　白金（秋）

　　pH 7.78，溶解氧 9.10 mg/L，透明度 0.2 m，流速 0.6～1.3 m/s，水温 12 ℃，平均水深 1.5 m，底质主要为卵石、石砾和细沙，周边无农田

图 2-4 三合镇（春）

pH 7.78，溶解氧 8.75 mg/L，透明度 0.15 m，流速 0.8～1.1 m/s，水温 11 ℃，平均水深 1.3 m，底质主要为卵石、石砾和细沙，周边无农田

图 2-5 香干子沟（春）

pH 7.88，溶解氧 10.10 mg/L，透明度 0.2 m，流速 0.5～1.1 m/s，水温 12 ℃，平均水深 2.5 m，底质主要为卵石、石砾和细沙，周边无农田

图 2-6 沙坨子（秋）

pH 7.85，溶解氧 9.73 mg/L，透明度 0.2 m，流速 0.6～1.1 m/s，水温 12 ℃，平均水深 1.3 m，底质主要为石砾和细沙，周边无农田

图 2-7　防川（春）

pH 7.85，溶解氧 8.60 mg/L，透明度 0.1 m，流速 0.6～1.1 m/s，水温 12 ℃，底质主要为石砾和细沙，周边无农田

二、红旗河

红旗河为图们江一级支流，"红旗"为满语"山核桃"之意，发源于吉林省延边朝鲜族自治州和龙市龙城镇西部许家洞林场北 1 676 m 的甑峰山西麓，河流自西北向东南流经和龙林业局许家洞林场、东树沟林场、红旗河林场、石人沟林场、古城林场，在崇善镇亚东屯东注入图们江。河流平均比降为 0.5%，全长约 65.8 km，流域面积为 1 199 km²，流域内林密山高，落差较大、流速较快、水质清澈，是图们江在和龙市境内最大的支流（刘海霞，2014）。

红旗河流域地处寒温带大陆性半湿润季风气候区，流域内四季差异明显，每年 12 月封冻，次年 4 月开河，4—6 月为春汛期，6—9 月为夏汛期，10 月至次年 3 月为枯水期（宋聃，2020）。基于和龙气象站统计，流域年平均气温为 4.8 ℃，极端最高气温为 36.7 ℃，最低气温为 -33.2 ℃，平均降水量为 553.3 mm，平均蒸发量为 1 318.5 mm，平均风速为 2.3 m/s，历史最大风速为 20 m/s（1971 年），年平均日照数为 2 458 h，最大冻土深为 1.43 m（1977 年）。流域内地下水资源丰富，补给来源主要依靠冰雪融化及大气降水，地下水赋存类型主要为中山花岗岩网状裂隙水，水质无色透明、无臭、无味，水温 7～9 ℃，pH 为 6.5～7.5，总硬度处于 0.802～3.324 mmol/L，矿化度小于 0.3 g/L，属于 Ⅰ 级水源地（图 2-8 至图 2-16）。

图 2-8 沙金沟（春）

pH 7.82，溶解氧 11.35 mg/L，透明度 0.4 m，流速 0.7～1.2 m/s，水温 10 ℃，平均水深 0.5 m，底质主要为卵石和细沙，周边无农田

图 2-9 石人沟（春）

pH 7.91，溶解氧 10.22 mg/L，透明度 0.2 m，流速 0.6～1.3 m/s，水温 11 ℃，平均水深 0.6 m，底质主要为卵石、石砾和细沙，周边无农田

图 2-10 许家洞（夏）

水质清澈见底，流速 0.5～0.6 m/s，水温 13 ℃，平均水深 0.5 m，河宽 9 m，底质主要为小卵石、石砾和细沙，河道平坦地段有少量淤泥细沙层，周边有少量耕地、村庄

25

图 2-11 苗圃（夏）

透明度 0.3 m，流速 0.5～0.6 m/s，水温 15℃，平均水深 0.4 m，河宽 12 m，底质主要为小卵石、石砾，断面有旧桥，周边有苗圃、村庄

图 2-12 百里村（夏）

水质清澈见底，流速 0.5～0.6 m/s，水温 14℃，平均水深 0.5 m，河宽 12 m，海拔 718 m，底质主要为卵石、石砾，断面有桥，周边有苗圃、村庄、山林和少量耕地

图 2-13 百里村下游（夏）

水质清澈见底，流速 0.5～0.6 m/s，水温 14℃，平均水深 0.7 m，河宽 13 m，海拔 713 m，底质主要为卵石、石砾，周边主要为山林

图 2-14　长森岭（夏）

水质清澈见底，流速 0.5～0.6 m/s，水温 14 ℃，平均水深 0.5 m，河宽 15 m，海拔 766 m，底质主要为卵石，周边主要为山林

图 2-15　长红林场（夏）

水质清澈见底，流速 0.2～0.3 m/s，水温 13 ℃，平均水深 0.8 m，河宽 9 m，海拔 807 m，底质主要为石砾，周边主要为山林

图 2-16　红旗河桥（春）

pH 7.80，溶解氧 9.35 mg/L，透明度 0.15 m，流速 0.7～1.3 m/s，水温 11 ℃，平均水深 1.5 m，底质主要为石砾和细沙，周边无农田

三、嘎呀河

嘎呀河名为满语"采珠河"之意，是图们江一级支流，也是图们江流域内最大支流，发源于吉林省汪清县老松岭三长山峰东南，河流自北向南流经9个乡镇，包括东新、大兴沟、天桥岭、汪清、东振、仲安、西崴子、百草沟、新兴等，最后在图们市向阳村汇入图们江，沿途汇入大小支流74条，较大支流包括布尔哈通河、海兰河、汪清河等。河流全长205.2 km，河道平均比降0.16%，流域面积为13 565 km²，年均径流深201.3 mm，年均径流量125亿m³，补给来源主要靠地表降水，而地下水补给量占年径流总量的比重较小，其中以夏季径流量最高，占全年径流量的70.0%左右（孙冀程，2017）。

嘎呀河流域地处中温带半湿润大陆性季风气候区，四季差异明显，春季多风干燥，夏季高温多雨，秋季少雨凉爽，冬季寒冷漫长。流域内年均气温为3.9 ℃，极端最高气温为37.5 ℃，最低气温为−37.6 ℃，平均气温低于0 ℃时间（一般从11月中旬起至次年3月下旬）长达4个多月，年均日照数为2 358 h，年均蒸发量为1 270 mm，年均降水量为547.2 mm，降水量在各季节间差异较大，主要集中于夏季，占全年降水量的72.5%左右（蔡云峰，2018；金哲，2010）。

嘎呀河上游流域森林茂密，植被覆盖良好，多高山峡谷，水位落差较大，水流湍急；下游流域河道渐宽，水势平缓，流量逐增，蜿蜒曲折，两岸多河谷平地。流域内汛期降水量较大，暴雨集中，涨势凶猛，河水易出槽泛滥（延边朝鲜族自治州水利局，2010）（图2-17至图2-22）。

图2-17 天桥岭（春）

pH 7.82，溶解氧10.65 mg/L，透明度0.5 m，流速0.6～1.2 m/s，水温12 ℃，

平均水深0.6 m，底质主要为石砾和细沙，周边有农田

图 2-18　东明阁（春）

　　pH 7.68，溶解氧 8.26 mg/L，透明度 0.4 m，流速 0.4～0.6 m/s，水温 12℃，平均水深 1.5 m，底质主要为卵石、石砾和细沙，周边有农田

图 2-19　302 国道大桥（春）

　　pH 7.72，溶解氧 8.43 mg/L，透明度 0.3 m，流速 0.6～0.9 m/s，水温 12℃，平均水深 1.5 m，底质主要为石砾和细沙，周边有农田

图 2-20　八人沟林场（秋）

　　pH 7.98，溶解氧 10.21 mg/L，透明见底，流速 0.6～1.0 m/s，水温 12℃，平均水深 0.5 m，底质主要为石砾、细沙，周边无农田

图 2-21　响水林场（秋）

　　pH 7.91，溶解氧 10.62 mg/L，透明见底，流速 0.6～1.2 m/s，水温 11 ℃，平均水深 0.4 m，底质主要为卵石和石砾，周边无农田

图 2-22　大石林场（秋）

　　pH 7.96，溶解氧 11.18 mg/L，透明见底，流速 0.5～1.0 m/s，水温 11 ℃，平均水深 0.3 m，底质主要为卵石和石砾，周边无农田

四、珲春河

　　珲春河（东经 131°00′—131°41′、北纬 43°09′—43°16′）是图们江下游最大一级支流，位于吉林省最东端延边朝鲜族自治州珲春市境内。河流发源于盘岭山脉北麓，自东北往西南流向，沿途主要支流包括小红旗河、太阳河、松林河、头道沟、荒沟、骆驼河、兰家趟子河、草帽顶子河、库克纳河等，最后在三家子乡西崴子村汇入图们江。河流全长 198 km，流域面积为 4 080 km²，河道平均比降为 0.21‰，年均径流量为 13.65 亿 m³（何岩，1997；赵春子，2007）。

珲春河流域地处中温带半湿润大陆性季风气候区，东部距离海洋较近，海洋气候特征较为明显，四季差异较大，春季多风干燥，冬季寒冷漫长，夏秋季节多雨易发洪涝灾害。流域内年均气温为 5.8 ℃，极端最高气温 36.2 ℃，最低气温-32.5 ℃，年均无霜期为 140～160 d，年均日照 2 322 h，最大冻土深度为 1.7 m，年均蒸发量 1 238.9 mm，年均降水量 632.3 mm（赵永哲，2012；刘飞，2021）（图 2-23 至图 2-32）。

图 2-23　塔子沟（夏）

pH 7.90，溶解氧 9.35 mg/L，透明见底，流速 0.5～0.7 m/s，水温 13 ℃，平均水深 0.3 m，底质主要为石砾和细沙，周边有农田

图 2-24　三道沟（春）

pH 7.98，溶解氧 11.45 mg/L，透明见底，流速 0.7～1.4 m/s，水温 10 ℃，平均水深 0.6 m，底质主要为卵石和石砾，周边无农田

图 2-25 梨树沟（秋）

pH 7.86，溶解氧 10.35 mg/L，透明见底，流速 0.6～1.0 m/s，水温 12℃，平均水深 0.5 m，底质主要为石砾和细沙，周边无农田

图 2-26 太平沟（秋）

pH 7.92，溶解氧 10.35 mg/L，透明见底，流速 0.5～0.9 m/s，水温 12℃，平均水深 0.6 m，底质主要为石砾和细沙，周边无农田

图 2-27 老龙口坝下（秋）

pH 7.68，溶解氧 11.32 mg/L，透明度 0.5 m，流速 0.8～1.2 m/s，水温 11℃，平均水深 0.2 m，河宽 126 m，底质主要为石砾、细沙

图 2 - 28　杨泡（秋）

pH 7.63，溶解氧 11.40 mg/L，透明度 0.5 m，流速 0.6～1.1 m/s，水温 12 ℃，平均水深 0.4 m，河宽 255 m，底质主要为卵石、细沙

图 2 - 29　马川子（秋）

pH 7.96，溶解氧 11.81 mg/L，透明度 0.4 m，流速 0.6～0.9 m/s，水温 12 ℃，平均水深 1.1 m，河宽 365 m，底质主要为卵石、细沙

图 2 - 30　珲春桥（夏）

pH 7.97，溶解氧 11.42 mg/L，透明度 0.3 m，流速 0.6～0.9 m/s，水温 13 ℃，平均水深 1.2 m，河宽 224 m，底质主要为细沙

图 2-31 兰家趟子（秋）

pH 7.90，溶解氧 10.35 mg/L，透明度 0.15 m，流速 0.6～1.0 m/s，水温 11℃，平均水深 0.4 m，底质主要为石砾和细沙，周边无农田

图 2-32 珲春河口（夏）

pH 7.92，溶解氧 10.42 mg/L，透明度 0.2 m，流速 0.6～0.9 m/s，水温 13℃，平均水深 1.8 m，河宽 159 m，底质主要为石砾、细沙

珲春河流域呈马鞍形状，属于长白山系老爷岭山脉的低山丘陵区。流域内最高点为老爷岭，海拔 1 480 m，最低点为防川村，海拔 5 m。西北部地势较高以山地为主，西南部地势较低以平原为主，流域内自然生态保存完好，流量丰富，现已建有大型水库老龙口水库。河流上游以丘陵地貌为主，两岸森林茂密，植被覆盖良好，河谷狭窄，水流湍急，河床底质主要为沙、砾石、卵石。下游河道逐渐增宽，地势平坦，水流平缓，两岸为水稻农田较多的珲春平原，河床底质主要为沙、卵石（吉林省水利水电勘测设计研究院，2016）。

五、密江河

密江河是图们江一级支流，发源于吉林省珲春市十英安镇大荒沟北部磨盘山南麓，河流自西北向东南流至英安镇大荒沟村转向西南方向，穿过密江、英安等2个乡镇7个村屯，于密江村口汇入图们江，沿途汇入大小支流20条，包括大槟榔沟、东沟、北沟、胡房子沟、拐麻子沟、干密江等。河流全长56 km，流域面积771 km²，河道平均比降0.69%，年均径流量为1.787×10⁸ m³，汛期径流量可达2.981×10⁸ m³，补给来源主要依靠冰雪融化、大气降水和地下水补充，密江河水体较为清澈，透明度常年在1 m以上，由于流速较快，溶解氧较高为6～13 mg/L（珲春市地方志编纂委员会，2000）。

密江河流域地处中温带半湿润大陆性季风气候区，四季差异明显，春季多风干燥，夏季高温多雨，秋季少雨凉爽，冬季寒冷漫长，冰封期为12月上旬至次年4月左右，春汛期为4月至6月，夏汛期为6月至9月，枯水期为10月至次年3月。流域内地下水资源丰富，补给来源主要依靠冰雪融化和大气降水，水质无色透明、无臭、无味，水温处于7～9 ℃，pH 6.3～6.7，总硬度处于0.802～3.324 mmol/L，属于Ⅰ级水源地（朴栋海，2006）（图2-33至图2-37）。

密江河上游河床以卵石、大块岩石为主，两岸森林茂密，植被覆盖良好，河床因大块岩石对水流产生阻拦效果，极易形成峰回水转现象，故密江河曾被称为"回岩河"。

图2-33　三安村

pH 8.03，溶解氧13.02 mg/L，透明见底，流速0.6～1.1 m/s，水温10 ℃，平均水深0.4 m，河宽22 m，底质要为卵石、细沙

图 2-34　中岗村

pH 7.85，溶解氧 10.94 mg/L，透明见底，流速 0.6～1.1 m/s，水温 10 ℃，平均水深 0.4 m，河宽 55 m，底质主要为卵石、细沙

图 2-35　窑房子

pH 8.06，溶解氧 12.98 mg/L，透明见底，流速 0.4～0.6 m/s，水温 10 ℃，平均水深 0.3 m，河宽 15 m，底质主要为卵石、细沙

图 2-36　下洼村

pH 8.12，溶解氧 12.61 mg/L，透明见底，流速 1.1～1.6 m/s，水温 10 ℃，平均水深 0.4 m，河宽 44 m，底质主要为卵石、细沙

图 2 - 37 密江河口

pH 7.63，溶解氧 11.53 mg/L，透明度 0.2 m，流速 0.8～1.2 m/s，水温 10 ℃，
平均水深 0.6 m，河宽 57 m，底质主要为卵石、细沙

六、布尔哈通河

布尔哈通河（东经 129°46′—129°38′、北纬 42°27′—43°23′）属于图们
江二级支流，地处吉林省东部。河流发源于安图县哈尔巴岭山脉东南麓，
由西向东流经安图县的亮兵、明月、龙井市的老头沟及延吉市，在图们市
红光乡下嘎村汇入嘎呀河，是发源于延边州境内最长的河流。河流全长
242 km，河道平均比降 0.19%，流域面积 6 847 km²，年均径流深 199.9 mm，
年均径流量 13.12 亿 m³，补给来源主要依靠大气降水和地下水。其中，
以夏季径流量最高，占全年径流量的 33%～59%；枯水期主要在 1—3 月
及 12 月，径流量占年径流量的 2%～5%（王成，2006；孙健，2011）。

布尔哈通河流域地处中温带半湿润大陆性季风气候区，主要受西伯利
亚高压和太平洋季风影响，四季差异明显，春季多风干燥，夏季高温多
雨，秋季少雨凉爽，冬季寒冷漫长（石金昊，2021）。据延吉气象站资料
显示，流域内年均气温为 5.8 ℃，年均无霜期为 130 d，平均冻土深度为

1.65 m，年均蒸发量为 1 318.4 mm，年均降水量为 598.8 mm，其中降水主要集中于夏季，降水量占年降水量的 60% 左右，而历年最大降水量为 950.1 mm，历年最小降水量为 308.1 mm。

布尔哈通河流域呈树叶状分布，南北纵距为 112 km，东西横距为 105 km，流域内以山地、丘陵、平原等地貌类型为主，主要包括北部的哈尔巴岭，西部的甄峰岭，中部的鸠巢河平原、细田平原、平网平原，而周围以低山丘陵环绕。地势以西北最高、中部和东南部最低、西部开阔平坦，海拔高度为 200～1 300 m；流域最高峰为鸡冠顶子，海拔高度为 1 280.1 m（白效明，1988；刘婉锐，2020）（图 2-38 至图 2-41）。

图 2-38 崇山村（春）

pH 7.68，溶解氧 8.18 mg/L，透明度 0.2 m，流速 0.5～0.9 m/s，水温 12 ℃，平均水深 0.7 m，底质主要为石砾和细沙，周边有农田

图 2-39 老头沟（春）

pH 7.71，溶解氧 8.45 mg/L，透明度 0.4 m，流速 0.5～0.8 m/s，水温 12 ℃，平均水深 0.7 m，底质主要为石砾和细沙，周边无农田

图 2-40　长安（春）

　　pH 7.65，溶解氧 8.23 mg/L，透明度 0.3 m，流速 0.5～0.9 m/s，水温 12 ℃，平均水深 0.7 m，底质主要为石砾和细沙，周边有农田

图 2-41　新建屯（夏）

　　pH 7.82，溶解氧 10.65 mg/L，透明见底，流速 0.7～1.2 m/s，水温 11 ℃，平均水深 0.5 m，底质主要为卵石和石砾，周边有无农田

七、海兰河

　　海兰河（东经 128°39′—129°38′、北纬 42°29′—42°55′）是图们江流域布尔哈通河一级支流，位于吉林省延边朝鲜族自治州南部。河流发源于和龙市长白山支脉甄峰山脉老岭峰东南，河源海拔 1 400 m，河流自西南向东北流经和龙市及龙井市，共辖 9 个乡镇，沿途支流主要有福洞河、蜂蜜

河、六道河、长仁河等，最后在延吉市河龙村汇入布尔哈通河。河流全长
145 km，流域面积 2 934 km²，河道平均比降 0.3%，年均径流深 185.2 mm，
年均径流量为 5.40 亿 m³，补给来源主要靠地表降水，而地下水补给量占
年径流总量的比重较小。其中，以夏季径流量最高，占全年径流量的
57.1%；枯水期主要在 1—3 月及 12 月，径流量占年径流量的 4%（李春
景，2005）。

海兰河流域地处中温带半湿润大陆性季风气候区，全年多西风，四季
差异明显，春季多风干燥，夏季高温多雨，秋季少雨凉爽，冬季寒冷漫
长。年均气温由上游至下游逐渐升高为 3.7～5.5 ℃，极端最高气温
37.1 ℃，最低气温−34.8 ℃，年均湿度 62%，年均无霜期 135 d，年均日
照 2 350 h，结冰期为 10 月下旬至次年 4 月上旬，年均结冰期 170 d，平均
冻土深度 1.6 m，年均蒸发量 1 300 mm，年均降水量 568.2 mm，其中降
水主要集中于夏季，降水量占年降水量的 70%左右（刘金锋，2020）（图
2 - 42 至图 2 - 46）。

海兰河流域呈扇形分布，南北最大纵距为 56 km，东西最大横距为
92 km。流域上游、下游以山地为主，森林茂密、植被覆盖良好；中游河
谷地区农田分布较多，河岸以砾石为主。流域内存有亚东、大新、石国、
小河龙等 4 个中型水库（朴明世，2013）。

图 2 - 42　关门（春）

pH 7.81，溶解氧 9.13 mg/L，透明度 0.15 m，流速 0.7～1.3 m/s，水温 11 ℃，平均

水深 1.3 m，底质主要为卵石、石砾和细沙，周边无农田

图 2-43 水东（秋）

pH 7.9，溶解氧 8.22 mg/L，透明度 0.4 m，流速 0.3～0.4 m/s，水温 12 ℃，平均水深 1.1 m，底质主要为石砾和细沙，周边无农田

图 2-44 王集坪（秋）

pH 7.91，溶解氧 10.13 mg/L，透明见底，流速 0.5～1.0 m/s，水温 11 ℃，平均水深 0.6 m，底质主要为卵石、石砾和细沙，周边无农田

图 2-45 松下坪（秋）

pH 7.87，溶解氧 10.63 mg/L，透明度 0.15 m，流速 0.4～0.8 m/s，水温 11 ℃，平均水深 0.5 m，底质主要为卵石、石砾和细沙，周边无农田

图 2-46 河东村（秋）

pH 7.82，溶解氧 10.15 mg/L，透明见底，流速 0.5～0.9 m/s，水温 11℃，平均水深 0.6 m，底质主要为石砾和细沙，周边无农田

◇ 参考文献

白效明，1988. 长白山地区自然资源开发与生态环境保护 [M]. 长春：吉林科学技术出版社.

陈大庆，2014. 河流水生生物调查指南 [M]. 北京：科学出版社.

蔡云峰，王会斌，2018. 浅析河西桥对嘎呀河的行洪影响 [J]. 科学技术创新（36）：134-136.

陈宜瑜，1998. 中国动物志·硬骨鱼纲·鲤形目（中卷）[M]. 北京：科学出版社.

董崇智，2000. 中国淡水冷水性鱼类 [M]. 哈尔滨：黑龙江科学技术出版社.

冯婧，2014. 气候变化对黑河流域水资源系统的影响及综合应对 [D]. 上海：东华大学.

珲春市地方志编纂委员会，2000. 珲春市志 [M]. 长春：吉林人民出版社.

胡鸿均，李尧英，魏印心，等，1980. 中国淡水藻类 [M]. 上海：上海科学技术出版社.

韩茂森，束蕴芳，1995. 中国淡水生物图谱 [M]. 北京：海洋出版社.

霍堂斌，李喆，姜作发，等，2013. 黑龙江中游底栖动物群落结构与水质生物评价 [J]. 中国水产科学，20（1）：177-188.

何岩，邓伟，周德民，1997. 图们江地区水资源现状、潜力及其对区域开发的影响 [J]. 地理科学（2）：39-45.

何志辉，1985. 淡水生物学（上册）[M]. 北京：农业出版社.

吉林省水利水电勘测设计研究院，2016. 吉林省中小河流珲春河洪水风险图编制成果报告 [R]. 长春：吉林省水利水电勘测设计研究院.

金松子，2003. 图们江流域生态环境现状及发展方向 [J]. 中国环境管理（S1）：

134 - 135.

津田松苗，1962. 水生昆虫学［M］. 东京：北隆馆.

解玉浩，2007. 东北地区淡水鱼类［M］. 沈阳：辽宁科学技术出版社.

金哲，金海龙，朴明世，等，2010. 嘎呀河水资源现状分析［J］. 东北水利水电（11）：
   35 - 36.

李春景，2005. 用 MapInfo 软件分析海兰河流域的水系特征［J］. 延边大学农学学报（4）：
   234 - 237.

刘金锋，牛立强，冯艳，2020. 海兰河生态流量目标确定［J］. 东北水利水电，38（12）：
   29 - 32.

刘飞，权赫春，2021. 基于 SWAT 模型的珲春河流域地表径流分析［J］. 科学技术创新
   （36）：163 - 165.

刘海霞，李龙燮，2014. 和龙市山洪灾害防御非工程措施建设成效显著［J］. 吉林农业
   （23）：9 - 10.

李思忠，1981. 中国淡水鱼类的分布区划［M］. 北京：科学出版社.

刘婉锐，朱卫红，姜明，等，2020. 布尔哈通河流域景观格局与河流水质关系研究［J］.
   湿地科学，18（6）：750 - 758.

刘月英，张文珍，王跃先，等，1979. 中国经济动物志——淡水软体动物［M］. 北京：科
   学出版社.

林哲浩，郑梅花，李永奎，1999. 图们江流域生态环境问题及其对策［J］. 延边大学学报
   （自然科学版）（1）：72 - 76.

苗承玉，马晓男，曹光兰，等，2011. 图们江下游敬信湿地生态安全评价研究［J］. 延边
   大学学报（自然科学版），37（2）：184 - 188.

马克平，1993. 试论生物多样性的概念［J］. 生物多样性，1（1）：20 - 22.

孟庆闻，1989. 鱼类学（形态分类）［M］. 上海：上海科学技术出版社.

孟庆闻，1995. 鱼类分类学［M］. 北京：中国农业出版社.

尼科里斯基，1960. 黑龙江流域鱼类［M］. 高岫，译. 北京：科学出版社.

尼科里斯基，1958. 分门鱼类学［M］. 缪学祖，等，译. 北京：高等教育出版社.

朴栋海，2006. 图们江流域（中国一侧）地表水资源质量调查评价［D］. 延吉：延边
   大学.

朴明世，2013. 海兰河地表水资源现状分析［J］. 黑龙江科技信息（22）：215.

曲波，邵美妮，2015. 辽河保护区常见水生维管束植物图谱［M］. 北京：中国农业大学出
   版社.

任慕莲，1980. 黑龙江鱼类［M］. 哈尔滨：黑龙江人民出版社.

宋聃，霍堂斌，王秋实，等，2020. 红旗河夏季大型底栖动物群落结构及水质生物学评价 [J]. 水产学杂志，33 (3)：42-49.

孙凡博，余凤，赵春子，2019. 图们江干流流域气候因素对径流影响变化分析 [J]. 安徽农业科学，47 (21)：1-4.

孙冀程，赵春子，金爱芬，2017. 嘎呀河流域径流量的时间变化研究 [J]. 延边大学学报（自然科学版），43 (4)：371-374.

石金昊，朱卫红，田乐，等，2021. 基于 SWAT 模型的布尔哈通河流域面源污染的变化研究 [J]. 灌溉排水报，40 (4)：130-136.

孙健，鞠政，2011. 布尔哈通河地表水资源现状分析 [J]. 吉林农业 (9)：206-208.

时淑英，昌镜伟，2006. 图们江干流水质现状评价分析 [J]. 吉林水利 (7)：31-35.

王成，郭忠玲，2006. 布尔哈通河流域土地利用格局分析 [J]. 中国生态农业学报 (4)：231-234.

王洪铸，2002. 中国小蚓科研究 [M]. 北京：高等教育出版社.

王家楫，1961. 中国淡水轮虫志 [M]. 北京：科学出版社.

伍献文，1963. 中国经济动物志：淡水鱼类 [M]. 北京：科学出版社.

伍献文，1982. 中国鲤科鱼类志 [M]. 上海：上海科学技术出版社.

王业耀，2020. 中国流域常见水生生物图鉴 [M]. 北京：科学出版社.

徐万玲，秦雷，熊琪，等，2013. 图们江干流上、中、下游径流演变规律 [J]. 延边大学农学学报，35 (2)：93-97.

詹秉义，1995. 渔业资源评估 [M]. 北京：中国农业出版社.

周长发，2002. 中国大陆蜉蝣目分类研究 [D]. 天津：南开大学.

赵春子，朱卫红，李红花，等，2007. 图们江下游地区珲春河水质特征的变化趋势 [J]. 延边大学学报（自然科学版）(2)：141-144.

中国科学院武汉植物研究所，1980. 中国水生维管束植物图谱 [M]. 武汉：湖北人民出版社.

张觉民，1995. 黑龙江省鱼类志 [M]. 哈尔滨：黑龙江科学技术出版社.

张觉民，1985. 黑龙江省渔业资源 [M]. 牡丹江：黑龙江朝鲜民族出版社.

张觉民，1991. 内陆水域渔业自然资源调查手册 [M]. 北京：农业出版社.

朱松泉，1995. 中国淡水鱼类检索 [M]. 南京：江苏科学技术出版社.

朱松泉，1989. 中国条鳅志 [M]. 南京：江苏科学技术出版社.

朱卫红，曹光兰，李莹，等，2014. 图们江流域河流生态系统健康评价 [J]. 生态学报，34 (14)：3969-3977.

仇晓雪，2021. 气候变化与人类活动影响下图们江跨境流域生态系统功能时空变化研究

［D］. 延吉：延边大学.

赵永泽，2017. 图们江区域多元文化资源开发与国际合作研究 ［D］. 延吉：延边大学.

赵永哲，崔官，2012. 珲春河流域降水特性分析 ［J］. 黑龙江科技信息 （7）：91.

章宗涉，1989. 淡水浮游生物研究方法 ［M］. 北京：科学出版社.

Pielou E C，1975. Ecological Diversity ［M］. New York：John Wiley Press.

Shannon C E，Weaver W W，1963. The mathematical theory of communication ［M］. Urbana：University of Illinois Press.

青柳兵司，1957. 日本列岛产淡水鱼类总论（日文）［C］. 东京：大修镇发行.

第三章
图们江流域水环境现状

水质是指水体的物理、化学和生物学的特征和性质（彭文启，张祥伟，2005）。水质作为河流生态系统的重要指标，直接影响到流域内鱼类资源量、水生生物多样性和生态安全。水质评价是掌握水环境状况，进行水质管理的基础。对河流水质进行科学分析与评价，能准确诊断河流水质状况，针对性地制定水环境管理决策与规划。

20 世纪 90 年代，随着社会经济快速发展，加之入河污染负荷持续增加、区域气候变化等综合影响，图们江流域水环境状况发生较大变化，环境问题较为突出。近十年来，随着全社会对环境保护和生态文明建设的认识不断深化，污染治理成效不断显现，图们江流域的水环境状况持续好转。

为了深入理解图们江流域水质与鱼类、水生生物资源之间的动态关系，揭示图们江流域水生生物资源及生境演变的驱动力，笔者利用生态环境部、中国环境监测总站、吉林省生态环境厅公布的水质检测结果，总结了图们江流域水质变化趋势，分析了水环境现状，探讨了影响图们江流域水环境变化的自然与人为因素。

第一节　数据来源与分析方法

一、数据搜集

数据和水质检测评价结果来自生态环境部发布的 2012—2021 年《中国生态环境状况公报》、中国环境检测总站发布的 2018—2021 年《全国地表水水质月报》和吉林省生态环境厅发布的 2018—2021 年《吉林省地表水国控断面（重点流域）水质月报》。图们江流域水质年际变化和月度变化结果使用了生态环境部发布的国控或国考断面的监测数据，统计了不同类别水质断面比例、水质状况和主要污染指标。

图们江流域干流和支流水质月度变化使用了吉林省生态环境厅发布的《吉林省地表水国控断面（重点流域）水质月报》的监测数据。图们江干流选取的站点包括崇善、南坪、图们、河东和圈河。2018—2020 年图们江支流选取的水质监测站点包括嘎呀河的西崴子、八叶桥，大汪清河的大仙，布尔哈通河的榆树川、延吉下，海兰河的石井，珲春河的春化、三家子。2021 年图们江支流水质监测站点增加了嘎呀河的铁帽山，布尔哈通河的磨盘大桥、下嘎，海兰河的松月水库，珲春河的镇安岭。

二、分析方法

根据历年《全国地表水水质月报》，地表水水质评价执行《地表水环境质量评价办法（试行）》（环办〔2011〕22 号文件）。根据上述文件要求，水质评价标准执行《地表水环境质量标准》（GB 3838—2002），按 I ～劣 V 类六个类别进行评价。《地表水环境质量标准》（GB 3838—2002）共计 109 项，其中地表水环境质量标准基本项目 24 项。根据河流水体特点，河流水质参数一般包括水温、pH、溶解氧（Dissolved oxygen, DO）、高锰酸盐指数、化学需氧量（Chemical oxygen demand, COD）、五日生化需氧量（Biochemical oxygen demand, BOD_5）、氨氮（$NH_3 - N$）、总磷（TP）、总氮（TN）、挥发酚、石油类、氟化物、氰化物、铜、锌、硒、砷、汞、镉、铬（六价）、铅、银离子表面活性剂、硫化物、粪大肠菌群等参数。

在《全国地表水水质月报》中，地表水水质评价指标为《地表水环境质量标准》（GB 3838—2002）表 1 中除水温、总氮、粪大肠菌群以外的 21 项指标，即 pH、溶解氧、高锰酸盐指数、化学需氧量、五日生化需氧量、氨氮、总磷、铜、锌、氟化物、硒、砷、汞、镉、铬（六价）、铅、氰化物、挥发酚、石油类、阴离子表面活性剂和硫化物。总氮作为参考指标单独评价。水温仅作为参考指标。

1. 断面水质评价

根据《全国地表水水质月报》中给出的水质评价方法，河流断面水质类别评价采用单因子评价法，即根据评价时段内该断面参评的指标中类别最高的一项来确定。描述断面的水质类别时，使用"符合"或"劣于"等词语。断面水质类别与水质定性评价分级的对应关系见表3-1。

表3-1　断面、河段水质定性评价

水质类别	水质状况	水质功能
Ⅰ、Ⅱ类水质	优	饮用水源一级保护区、珍稀水生生物栖息地、鱼虾类产卵场、仔稚幼鱼的索饵场等
Ⅲ类水质	良好	饮用水源二级保护区、鱼虾类越冬场、洄游通道、水产养殖区、游泳区
Ⅳ类水质	轻度污染	一般工业用水和人体非直接接触的娱乐用水
Ⅴ类水质	中度污染	农业用水及一般景观用水
劣Ⅴ类水质	重度污染	除调节局部气候外，使用功能较差

2. 河流、流域（水系）水质评价

根据《全国地表水水质月报》中给出的水质评价方法，河流、流域（水系）水质评价：当河流、流域（水系）的断面总数少于5个时，计算河流、流域（水系）所有断面各评价指标浓度段数平均值，然后按照上述断面水质评价方法评价，并按表3-1指出每个断面的水质类别和水质状况。

当河流、流域（水系）的断面总数在5个（含5个）以上时，采用断面水质类别比例法，即根据评价河流、流域（水系）中各水质类别的断面数占河流、流域（水系）所有评价断面总数的百分比来评价其水质状况。河流、流域（水系）的断面总数在5个（含5个）以下时不做平均水质类别的评价。如果所有断面均为Ⅲ类水质，整体水质为良好；如果所有断面均为Ⅴ类水质，整体为中度污染。河流、流域（水系）水质类别比例与水质定性评价分级的对应关系见表3-2。

表 3-2　河流、水系水质定性评价

水质类别比例	水质状况
Ⅰ～Ⅲ类水质比例≥90%	优
75%≤Ⅰ～Ⅲ类水质比例＜90%	良好
Ⅰ～Ⅲ类水质比例＜75%，且劣Ⅴ类比例＜20%	轻度污染
Ⅰ～Ⅲ类水质比例＜75%，20%≤劣Ⅴ类比例＜40%	中度污染
Ⅰ～Ⅲ类水质比例＜60%，且劣Ⅴ类比例≥40%	重度污染

3. 地表水主要污染指标的确定方法

（1）断面主要污染指标的确定方法　根据《全国地表水水质月报》中给出的水质评价方法，评价时段内，断面水质为"优"或"良好"时，不评价主要污染指标。

断面水质超过Ⅲ类水质标准时，先按照不同指标对应水质类别的优劣，选择水质类别最差的前三项指标作为主要污染物指标。当不同指标对应的水质类别相同时计算超标倍数，将超标指标按其超标倍数大小排列，取超标倍数最大的前三项为主要污染指标。当氰化物或汞、铅、铬（六价）等重金属超标后，也作为主要污染指标列出。

超标倍数＝（某指标的浓度值－该指标的Ⅲ类水质标准）/该指标的Ⅲ类水质标准

（2）河流、流域（水系）主要污染指标的确认方法　根据《全国地表水水质月报》中给出的水质评价方法，将水质超过Ⅲ类水质标准的指标按其断面超标率大小排列，整个流域取断面超标率最大的前五项为主要污染指标，河流水系取断面超标率最大的前三项为主要污染指标；对于断面数少于 5 个的河流、流域（水系），按上述断面主要污染指标的确定方法确定每个断面的主要污染指标。

断面超标率＝某评价指标超过Ⅲ类标准的断面（点位）个数/断面（点位）总数×100%

（3）不同时段水环境变化的判断　根据《全国地表水水质月报》中给出的水质评价方法，对断面（点位）、河流、流域（水系）、全国及行政区域内不同时段的水质变化趋势进行分析，以断面（点位）的水质类别或河流、流域（水系）、全国及行政区域内水质类别比例的变化为依据，对照表 3-1 或表 3-2 的规定，按下述方法评价。

1）按水质状况等级变化评价

① 当水质状况等级不变时，则评价为无明显变化；

② 当水质状况等级发生一级变化时，则评价为有所变化（好转或变差、下降）；

③ 当水质状况等级发生两级以上（含两级）变化时，则评价为明显变化（好转或变差、下降、恶化）。

2）按组合类别比例法评价　设 ΔG 为后时段与前时段 I～III 类水质占比之差：$\Delta G = G_2 - G_1$，ΔD 为后时段与前时段劣 V 类水质占比之差：$\Delta D = D_2 - D_1$。

① 当 $\Delta G - \Delta D > 0$ 时，水质变好；当 $\Delta G - \Delta D < 0$ 时，水质变差；

② 当 $|\Delta G - \Delta D| \leqslant 10$ 时，则评价为无明显变化；

③ 当 $10 < |\Delta G - \Delta D| \leqslant 20$ 时，则评价有所变化（好转或变差、下降）；

④ 当 $|\Delta G - \Delta D| > 20$ 时，则评价为明显变化（好转或变差、下降、恶化）。

按水质状况等级变化评价或按组合类别比例变化评价两种方法的评价结果一致，可采用任何一种方法进行评价；若评价结果不一致，以变化大的作为变化趋势评价的结果。

第二节　图们江流域常规水质年际变化

根据生态环境部发布的 2012—2021 年《中国生态环境状况公报》，图们江流域共布设 5～15 个国控或国考断面（点位）。水质状况见表 3-3。在评价过程中，如水质满足或优于国家标准《地表水环境质量标准》（GB 3838—2002）中 III 类水的各项污染物指标，如 COD<20，BOD_5<4，氨氮<1.0，总磷<0.2，则放在一起统计；水质评价为 IV 类和 V 类，放在一起统计；劣 V 类单独统计。

2012—2015 年，图们江水系总体评价为轻度污染，主要污染物指标为化学需氧量、高锰酸盐指数和总磷。逐年 I～III 类水质断面比例分别为

表 3-3 2012—2021 年图们江流域水环境质量年际变化

年份	检测断面及数量（个）	不同类别水质断面比例（%）			水质状况	主要污染指标
		Ⅰ～Ⅲ	Ⅳ～Ⅴ	劣Ⅴ		
2012	国控断面 6	33.3	50.0	16.7	轻度污染	化学需氧量、高锰酸盐指数和总磷
2013	国控断面 6	50.0	50.0	0	轻度污染	化学需氧量、高锰酸盐指数和总磷
2014	国控断面 5	40.0	60.0	0	轻度污染	化学需氧量、高锰酸盐指数和总磷
2015	国控断面 5	20.0	60.0	20.0	轻度污染	化学需氧量、高锰酸盐指数和总磷
2016	国考断面 7	57.1	28.6	14.3	轻度污染	化学需氧量、高锰酸盐指数和氨氮
2017	国考断面 7	57.1	42.9	0	轻度污染	化学需氧量、高锰酸盐指数和氨氮
2018	国考断面 7	57.1	42.9	0	轻度污染	化学需氧量、高锰酸盐指数和氨氮
2019	国考断面 7	85.7	14.3	0	水质良好	化学需氧量、高锰酸盐指数和氨氮
2020	国考断面 7	100	0	0	水质良好	—
2021	国考断面 15	86.6	13.3	0	水质良好	化学需氧量、高锰酸盐指数、氨氮和总磷

33.3%、50.0%、40.0%和20.0%；逐年Ⅳ～Ⅴ类水质断面比例分别为50.0%、50.0%、60.0%和60.0%；逐年劣Ⅴ类水质断面比例分别为16.7%、0、0和20.0%。

2016—2018年，图们江水系总体评价仍为轻度污染，主要污染物指标有所变化，主要为化学需氧量、高锰酸盐指数和氨氮。逐年Ⅰ～Ⅲ类水质断面比例均为57.1%；逐年Ⅳ～Ⅴ类水质断面比例分别为28.6%、42.9%和42.9%；逐年劣Ⅴ类水质断面比例分别为14.3%、0和0。与2012—2015年相比，Ⅰ～Ⅲ类水质断面比例上升，劣Ⅴ类水质断面比例下降，水质明显好转。

2019—2021年，图们江水系总体评价均为水质良好。2019年7个国考断面的主要污染物指标为化学需氧量、高锰酸盐指数和氨氮，Ⅰ～Ⅲ类、Ⅳ～Ⅴ类和劣Ⅴ类水质断面比例分别为85.7%、14.3%和0。2020年7个国考断面均水质满足或优于国家标准《地表水环境质量标准》（GB 3838—2002）中Ⅲ类水质标准。2021年，图们江流域15个国考断面中，Ⅰ～Ⅲ类水质13个，Ⅳ～Ⅴ类水质2个，劣Ⅴ类0个。整体水质评价结果为良好。断面主要污染指标为化学需氧量、高锰酸盐指数、氨氮和总磷。与2012—2018年相比，劣Ⅴ类水质断面比例降低，水质明显好转。

根据文献，图们江干流南坪断面20世纪80—90年代的水质评价结果为Ⅴ类，主要是受上游铁矿的影响（王微等，2010）。2007年，南坪断面的水质为Ⅲ类，图们和河东断面水质均为劣Ⅴ类，圈河为Ⅴ类。总体来看，20世纪80年代至2016年，图们江干流污染一直比较严重。2016年后，从水质评价结果来看，图们江流域污染得到控制。近些年来随着国家和地方政府的重视，污水处理设施的投入和运行，水质的常规指标已逐步得到控制，监测断面达到Ⅲ类水质的比例逐年上升。

第三节　图们江流域常规水质年内变化

一、年内水环境质量状况分析

（一）2018年图们江流域水质月度变化

根据2018年《中国生态环境状况公报》，常规水质监测结果表明，图们江流域水系总体水质属于轻度污染，Ⅳ～Ⅴ类断面的主要污染指标为化学需氧量、高锰酸盐指数和氨氮。2018年图们江流域水环境质量月度变化见表3-4。1—3月水质状况属于中—重度污染，污染负荷较高指标为氨氮、五日生化需氧量和总磷；4月水质状况属于轻度污染，污染负荷较高指标为氨氮、五日生化需氧量和高锰酸盐指数；5—12月水质状况较好，仅7月和9月水质轻度污染，其他月份水质为良好和优，9月污染负荷较高指标为高锰酸盐指数。

表3-4　2018年图们江流域水环境质量月度变化

月份	监测断面数量（个）	不同类别水质断面比例（%）						水质状况	主要污染指标
		Ⅰ	Ⅱ	Ⅲ	Ⅳ	Ⅴ	劣Ⅴ		
1	6	0	0	33.3	0	0	66.7	重度污染	氨氮、五日生化需氧量和总磷
2	6	0.0	0.0	16.7	16.7	33.3	33.3	中度污染	氨氮、五日生化需氧量和总磷
3	6	0.0	16.7	0.0	16.7	0.0	66.7	重度污染	氨氮、五日生化需氧量和总磷

（续）

月份	监测断面数量（个）	不同类别水质断面比例（%）						水质状况	主要污染指标
		I	II	III	IV	V	劣V		
4	7	0.0	14.3	42.9	42.9	0.0	0.0	轻度污染	氨氮、五日生化需氧量和高锰酸盐指数
5	7	0.0	42.9	57.1	0.0	0.0	0.0	优	—
6	7	0.0	42.9	42.9	14.3	0.0	0.0	水质良好	—
7	7	0.0	0.0	71.4	28.6	0.0	0.0	轻度污染	—
8	7	0.0	28.6	57.1	0.0	0.0	14.3	水质良好	—
9	7	0.0	14.3	57.1	28.6	0.0	0.0	轻度污染	高锰酸盐指数
10	7	0.0	28.6	57.1	14.3	0.0	0.0	水质良好	—
11	7	0.0	14.3	85.7	0.0	0.0	0.0	优	—
12	6	0.0	50.0	50.0	0.0	0.0	0.0	优	—

（二）2019 年图们江流域水质月度变化

根据 2019 年《中国生态环境状况公报》，图们江流域水系总体水质属于水质良好，Ⅳ～Ⅴ类断面的主要污染指标为化学需氧量、高锰酸盐指数和氨氮。2019 年图们江流域水环境质量月度变化见表 3-5。1—3 月水质状况属于轻—中—重度污染，污染负荷较高指标为氨氮、化学需氧量和五日生化需氧量；4 月水质良好；5—9 月水质属于轻度污染，主要污染负荷较高指标为化学需氧量、高锰酸盐指数、五日生化需氧量，5 月和 9 月的污染指标还分别包括氨氮和总磷。10—12 月水质为良好和优，无污染指标。

表 3-5　2019 年图们江流域水环境质量月度变化

月份	监测断面数量（个）	不同类别水质断面比例（%）						水质状况	主要污染指标
		I	II	III	IV	V	劣V		
1	4	—	—	—	—	—	—	中度污染	—
2	7	0.0	0.0	42.9	0.0	14.3	42.9	重度污染	氨氮、化学需氧量和五日生化需氧量

（续）

月份	监测断面数量（个）	不同类别水质断面比例（%）						水质状况	主要污染指标
		Ⅰ	Ⅱ	Ⅲ	Ⅳ	Ⅴ	劣Ⅴ		
3	6	0.0	33.3	16.7	33.3	16.7	0.0	轻度污染	氨氮
4	7	0.0	42.9	42.9	14.3	0.0	0.0	水质良好	—
5	7	0.0	28.6	14.3	42.9	14.3	0.0	轻度污染	高锰酸盐指数、氨氮和化学需氧量
6	7	0.0	14.3	57.1	28.6	0.0	0.0	轻度污染	化学需氧量、高锰酸盐指数和五日生化需氧量
7	7	0.0	14.3	42.9	28.6	14.3	0.0	轻度污染	高锰酸盐指数和化学需氧量
8	7	0.0	14.3	14.3	57.1	14.3	0.0	轻度污染	高锰酸盐指数和化学需氧量
9	7	0.0	0.0	57.1	14.3	28.6	0.0	轻度污染	高锰酸盐指数、化学需氧量和总磷
10	7	0.0	14.3	85.7	0.0	0.0	0.0	优	—
11	7	0.0	12.5	50.0	37.5	0.0	0.0	水质良好	—
12	7	0.0	0.0	85.7	14.3	0.0	0.0	水质良好	—

（三）2020 年图们江流域水质月度变化

根据 2020 年《中国生态环境状况公报》，图们江流域水系总体水质属于水质良好，全部监测断面水质评价均为Ⅲ类水质，无污染指标。2020年图们江流域水环境质量月度变化见表 3-6。1—3 月水质状况属于轻度污染，1 月污染负荷较高指标为氨氮、总磷和五日生化需氧量，2 月污染负荷较高指标为氨氮、化学需氧量和五日生化需氧量，3 月污染负荷较高指标为氨氮、高锰酸盐指数和化学需氧量。4—12 月水质状况较好，仅 10月水质为轻度污染，9 月污染负荷较高指标为化学需氧量、高锰酸盐指数和五日生化需氧量。4—9 月水质为良好，11—12 月水质为优，均无污染指标。

表 3－6 2020 年图们江流域水环境质量月度变化

| 月份 | 监测断面数量（个） | 不同类别水质断面比例（%） | | | | | | 水质状况 | 主要污染指标 |
		I	II	III	IV	V	劣V		
1	7	0.0	0.0	42.9	28.6	28.6	0.0	轻度污染	氨氮、总磷和五日生化需氧量
2	7	0.0	0.0	42.9	57.1	0.0	0.0	轻度污染	氨氮、化学需氧量和五日生化需氧量
3	7	0.0	0.0	57.1	42.9	0.0	0.0	轻度污染	氨氮、高锰酸盐指数和化学需氧量
4	7	0.0	11.2	77.6	11.2	0.0	0.0	水质良好	—
5	7	0.0	14.3	85.7	0.0	0.0	0.0	优	—
6	7	0.0	14.3	71.4	14.3	0.0	0.0	水质良好	—
7	7	0.0	0.0	100.0	0.0	0.0	0.0	水质良好	—
8	7	0.0	28.6	57.1	14.3	0.0	0.0	水质良好	—
9	7	0.0	14.3	71.4	14.3	0.0	0.0	水质良好	—
10	7	0.0	0.0	57.1	42.9	0.0	0.0	轻度污染	化学需氧量、高锰酸盐指数和五日生化需氧量
11	7	0.0	42.9	57.1	0.0	0.0	0.0	优	—
12	7	0.0	28.6	71.4	0.0	0.0	0.0	优	—

（四）2021 年图们江流域水质月度变化

根据 2021 年《中国生态环境状况公报》，图们江流域水系总体水质属于水质良好，III 类水质监测断面占比为 86.6%，主要污染指标为化学需氧量、高锰酸盐指数、氨氮和总磷。2021 年图们江流域水环境质量月度变化见表 3－7。全年仅 3 月和 8 月水质状况为轻度污染，3 月污染负荷较高指标为化学需氧量、高锰酸盐指数和总磷，8 月污染负荷较高指标为高锰酸盐指数、化学需氧量和总磷。其余月份水质状况较好，均为水质良好或优，均无污染指标。

表 3-7 2021 年图们江流域水环境质量月度变化

月份	监测断面数量（个）	不同类别水质断面比例（％）						水质状况	主要污染指标
		Ⅰ	Ⅱ	Ⅲ	Ⅳ	Ⅴ	劣Ⅴ		
1	14	0.0	14.3	64.3	0.0	7.1	14.3	水质良好	—
2	12	0.0	25.0	58.3	16.7	0.0	0.0	水质良好	—
3	12	8.3	0.0	58.3	25.0	8.3	0.0	轻度污染	化学需氧量、高锰酸盐指数和总磷
4	13	0.0	6.7	60.0	33.3	0.0	0.0	水质良好	—
5	15	0.0	20.0	80.0	0.0	0.0	0.0	优	
6	15	0.0	13.3	66.7	20.0	0.0	0.0	水质良好	
7	15	0.0	20.0	66.7	13.3	0.0	0.0	水质良好	
8	15	0.0	0.0	26.7	66.7	6.7	0.0	轻度污染	高锰酸盐指数、化学需氧量和总磷
9	15	0.0	46.7	40.0	13.3	0.0	0.0	水质良好	
10	14	0.0	42.9	57.1	0.0	0.0	0.0	优	
11	15	0.0	86.7	13.3	0.0	0.0	0.0	优	
12	13	0.0	61.5	30.8	7.7	0.0	0.0	优	

（五）2018—2021 年图们江流域水质变化趋势分析

2018 年内的水质变化趋势为：枯水期（1—3 月）以Ⅴ类和劣Ⅴ类为主，平水期（4—5 月、10 月）和丰水期（6—9 月）以Ⅲ类和Ⅳ类水质为主，枯水期的初期（11—12 月）以Ⅱ类和Ⅲ类水质为主。

2019 年内的水质变化趋势为：枯水期（1—3 月）以Ⅲ类和Ⅳ类、Ⅴ类和劣Ⅴ类为主，平水期（4—5 月、10 月）、丰水期（6—9 月）和枯水期的初期（11—12 月）以Ⅲ类和Ⅳ类水质为主。

2020 年内的水质变化趋势为：枯水期（1—3 月）以Ⅲ类和Ⅳ类为主，平水期（4—5 月、10 月）、丰水期（6—9 月）和枯水期的初期（11—12 月）以Ⅱ类和Ⅲ类水质为主。

2021 年内的水质变化趋势为：枯水期（1—2 月）、平水期（4—5 月、10 月）、丰水期（6—9 月，除 8 月外）和枯水期的初期（11—12 月）均以Ⅱ类和Ⅲ类水质为主。3 月和 8 月以Ⅲ类和Ⅳ类为主。

按照 2018—2021 年图们江流域每月的水质状况，图们江流域水环境质量年内的波动可以划分为两个阶段：1—3 月、4—12 月。超标和污染多出现于 1—3 月，分析主要原因可能是：在枯水期的冰封期（1—3 月），由于水体表面冰封，阻隔了水气界面的传质过程，水体的自净能力较差，氮、磷等污染物降解与去除的速率较低；平水期（4—5 月），冰雪融化，水温升高，水体中微生物活性增加，自净能力恢复并逐渐增强；丰水期（6—9 月）为汛期，降水形成的地表径流会携带污染物进入河流，但因水温适宜，水体自净能力较好，水质能够得到净化。

2018 年 1—3 月，图们江流域Ⅰ～Ⅲ类水质断面比例为 16.7％～33.3％，Ⅴ～劣Ⅴ类水质断面占 66.7％；2019 年 1—3 月，图们江流域Ⅰ～Ⅲ类水质断面比例为 42.9％～50.0％，Ⅴ～劣Ⅴ类水质断面占 16.7％～57.2％；2020 年 1—3 月，图们江流域Ⅰ～Ⅲ类水质断面比例为 16.7％～33.3％，Ⅴ～劣Ⅴ类水质断面占 42.9％～57.1％；2021 年 1—3 月，图们江流域Ⅰ～Ⅲ类水质断面比例为 16.7％～33.3％，Ⅴ～劣Ⅴ类水质断面占 58.3％～83.3％，水质同比显著好转。这与第三章第二节中图们江流域常规水质年际变化分析结果一致。

二、干流水质变化

（一）2018 年图们江干流水质月度变化

2018 年图们江干流 5 个监测断面中，图们、河东和圈河断面 12 个月的水质评价结果均达到吉林省水质控制目标（表 3-8）。上述三个断面年内Ⅳ类水质主要污染指标分别为总磷、氨氮和石油类。崇善断面 10 月水质为Ⅳ类，该断面吉林省水质控制目标为Ⅲ类，主要污染物指标为化学需氧量、生化需氧量、高锰酸盐指数。南坪断面 3 月水质为劣Ⅴ类，该断面吉林省水质控制目标为Ⅴ类，主要污染物指标为总磷。从5 个断面的月度水质变化来看，除个别月份外，枯水期（1—3 月）的水质与其他月份相比较差或持平。这也符合图们江流域整体水质变化趋势的分析结果。

表 3-8 2018 年图们江干流水质月度变化

断面名称	吉林省水质控制目标	1月	2月	3月	4月	5月	6月	7月	8月	9月	10月	11月	12月	主要污染物指标
崇善	III	III	III	II	II	II	II	—	—	II	IV	II	II	化学需氧量、生化需氧量、高锰酸盐指数
南坪	V	III	III	劣V	III	III	III		III	III	III		III	总磷
图们	IV	II	II	IV	IV	IV	IV		III	III	III		—	总磷
河东	IV	III	IV	IV	III	III	III	III	III	III	III		II	氨氮
圈河	IV	III	IV	IV	III	III	III	—	—	III	III	III		石油类

（二）2019 年图们江干流水质月度变化

2019 年，图们、河东和圈河 3 个监测断面的月度水质评价结果均达到吉林省水质控制目标（表 3-9）。崇善断面 7 月与 9 月水质为 V 类，超出了吉林省水质控制目标 III 类的要求，主要污染物指标为化学需氧量和高锰酸盐指数。南坪断面 7 月水质为 V 类，超出了该断面吉林省水质控制目标 IV 类的要求，主要的污染物指标为高锰酸盐指数。2019 年，不同断面月度水质变化规律不同。在崇善、南坪和圈河断面，丰水期（6—9 月）水质波动较大，与其他月份相比，较差或持平。对于图们、河东 2 个监测断面，枯水期（2—3 月）与丰水期（8—9 月）水质相对较差。

表 3-9 2019 年图们江干流水质月度变化

断面名称	吉林省水质控制目标	1月	2月	3月	4月	5月	6月	7月	8月	9月	10月	11月	12月	主要污染物指标
崇善	III	III	III	II	II	III	III	V	II	V	III	III	III	化学需氧量、高锰酸盐指数
南坪	IV	IV	III	III	III		V	III	III	III	II		II	高锰酸盐指数
图们	IV	II	III	III	IV	III		III	III	III	III		III	
河东	IV	III	IV	III	III	III		III	IV	III	III		III	
圈河	IV	II	II	III	III	IV	III		IV	III	III		—	

（三）2020 年图们江干流水质月度变化

2020 年图们江干流水质月度变化见表 3 - 10。2020 年图们江干流 5 个监测断面中，仅圈河断面 12 个月的水质评价结果全部达到吉林省水质控制目标Ⅳ类的要求。图们、河东 2 个断面 9 月的水质为Ⅴ类，超过了两断面吉林省水质控制目标Ⅳ类的要求，主要污染物指标均为高锰酸盐指数和化学需氧量。对于南坪断面，4 月、6 月和 9 月的水质均为Ⅳ类，该断面 2020 年吉林省水质控制目标为Ⅲ类，主要污染物指标为总磷、高锰酸盐指数和化学需氧量。从 5 个断面的月度水质变化来看，除个别月份外，整体水质较 2018 年和 2019 年好；与上两个年度不同的是，平水期（4—5 月、10 月）和丰水期（6—9 月）的水质与枯水期（11 月至次年 3 月）相比持平或较差。

表 3 - 10　2020 年图们江干流水质月度变化

断面名称	吉林省水质控制目标	1月	2月	3月	4月	5月	6月	7月	8月	9月	10月	11月	12月	主要污染物指标
崇善	Ⅲ	Ⅲ	Ⅲ	Ⅲ	Ⅲ	Ⅲ	Ⅲ	Ⅲ	Ⅲ	Ⅲ	Ⅳ	Ⅲ	Ⅲ	—
南坪	Ⅲ	Ⅱ	Ⅲ	—	Ⅳ	Ⅲ	Ⅳ	Ⅲ	Ⅲ	Ⅳ	Ⅲ	Ⅲ	Ⅲ	总磷、高锰酸盐指数、化学需氧量
图们	Ⅳ	—	Ⅱ	Ⅲ	Ⅲ	Ⅲ	Ⅲ	Ⅲ	Ⅲ	Ⅴ	Ⅲ	Ⅲ	Ⅲ	高锰酸盐指数、化学需氧量
河东	Ⅳ	Ⅲ	Ⅲ	Ⅲ	Ⅲ	Ⅳ	Ⅲ	Ⅲ	Ⅲ	Ⅴ	Ⅲ	Ⅲ	Ⅲ	高锰酸盐指数、化学需氧量
圈河	Ⅳ	Ⅲ	Ⅲ	Ⅲ	Ⅲ	Ⅲ	Ⅳ	Ⅳ	Ⅳ	Ⅳ	Ⅳ	Ⅲ	Ⅲ	—

（四）2021 年图们江干流水质月度变化

2021 年图们江干流水质月度变化见表 3 - 11，暂未查到 2021 年的吉林省水质控制目标。如以Ⅲ类水质作为标准，2021 年图们江干流 5 个监测断面整体水质良好。除南坪断面 1 月水质外，崇善、图们、河东和圈河断面丰水期（6—9 月）的水质与平水期（4—5 月、10 月）、枯水期（11

月至次年 3 月）相比持平或较差。特别是 7—9 月，水质为Ⅳ～Ⅴ类。南坪断面 1 月水质为劣Ⅴ类。

表 3-11　2021 年图们江干流水质月度变化

断面名称	吉林省水质控制目标	1月	2月	3月	4月	5月	6月	7月	8月	9月	10月	11月	12月	主要污染物指标
崇善	—	Ⅲ	Ⅲ	Ⅲ	Ⅲ	Ⅲ	Ⅲ	Ⅳ	Ⅳ	Ⅲ	Ⅲ	Ⅱ	Ⅲ	—
南坪	—	劣Ⅴ						Ⅳ	Ⅳ	Ⅳ		Ⅱ	Ⅲ	—
图们	—	Ⅲ	Ⅲ						Ⅳ	Ⅲ		Ⅱ	Ⅲ	—
河东	—	Ⅲ	Ⅱ	Ⅲ		Ⅳ		Ⅴ		Ⅲ		Ⅱ	Ⅲ	—
圈河	—	Ⅲ	Ⅲ	Ⅲ	Ⅲ		Ⅳ	Ⅳ	Ⅲ	Ⅲ		Ⅱ	Ⅲ	—

（五）2018—2021 年图们江干流水质空间变化趋势分析

1. 时间变化趋势分析

2018 年，5 个监测断面的 49 个水质分析结果中，Ⅰ～Ⅱ类水质 12 个，占 24.5%；Ⅲ类 29 个，占 59.2%；Ⅳ类 7 个，占 14.3%；劣Ⅴ类 1 个，占 2.0%。2019 年，5 个监测断面的 59 个水质分析结果中，Ⅰ～Ⅱ类水质 15 个，占 25.4%；Ⅲ类 29 个，占 49.2%；Ⅳ类 12 个，占 20.3%；Ⅴ类 3 个，占 5.1%。2020 年，5 个监测断面的 57 个水质分析结果中，Ⅰ～Ⅱ类水质 8 个，占 14.0%；Ⅲ类 39 个，占 68.4%；Ⅳ类 8 个，占 14.0%；Ⅴ类 2 个，占 3.5%。与 2018 年和 2019 年相比，2020 年Ⅰ～Ⅲ类水质增加，Ⅳ～劣Ⅴ类减少，水质好转。2021 年，5 个监测断面的 51 个水质分析结果中，Ⅰ～Ⅱ类水质 10 个，占 19.6%；Ⅲ类 31 个，占 60.8%；Ⅳ类 8 个，占 15.7%；Ⅴ类 1 个，占 2.0%；劣Ⅴ类 1 个，占 2.0%。与 2020 年相比，2021 年Ⅰ～Ⅲ类水质所占比例基本无变化。通过上述分析可知，图们江监测断面在近 3 年水质明显改善。

2018 年，水质的季节性变化分析结果表明，图们江干流的 5 个监测断面 1—3 月枯水期水质较平水期和丰水期差，但 2019 年后有所改变，枯水期水质状况整体优于丰水期。这里分析可能的原因是：随着生活污水、工业废水等外源污染的控制，图们江干流的整体水质逐渐好转，污染物的总负荷降低，所以即使是在枯水期，河流的自净能力依然能够确保污染物的降解。但是，在汛期集中的长时间降水形成了地表径流，会携带大量的有机物、氮、磷等污染物进入河流水体，导致水质变差。

2. 空间变化趋势分析

2018 年，从崇善断面到圈河断面水质呈现波动变化，在 2—3 月枯水期，水质呈现下降趋势，其他时间各断面变化趋势不明显。从各监测断面的主要污染物指标可以看出，南坪、图们和河东的主要污染物分别为总磷和氨氮。同时，流经城镇后水质变差，表明城镇污水是其主要污染源。圈河的主要污染物指标为石油类，可能来自工业废水。

2019 年，不同月份图们江干流水质沿程变化趋势不同。枯水期 2—3 月、平水期 5 月和丰水期 8 月，干流沿程水质逐渐变差，其他月份水质持平或转好。枯水期 2—3 月，因冰面阻隔水气界面传质，水体自净能力较差，污染物降解速度下降，未降解的污染物从上游到下游沿途逐渐累积。5 月水温升高，自净能力得到恢复，汇入的污染物主要是冬季续存的，因此水质波动较大。8 月水质变差可能归因于汛期降水或者地表径流带入的大量污染物。

2020—2021 年，图们江干流整体水质优良，除个别月份外，从上游至下游，从崇善断面到圈河断面水质变化不大，大部分为Ⅱ～Ⅲ类水质。丰水期 8—9 月，从上游至下游水质从Ⅲ～Ⅳ类变成Ⅳ～Ⅴ类，原因也如上所述。

三、支流水质变化

（一）2018 年图们江支流水质月度变化

2018 年图们江支流水环境质量月度变化见表 3 - 12。2018 年，图们江支流嘎呀河、大汪清河、布尔哈通河、海兰河和珲春河在枯水期 1—3 月的水质污染较为严重，大部分为Ⅴ～劣Ⅴ类水质，只有珲春河的春化断面水质较好，能够达到Ⅱ类水体标准。全部支流上游水质优于中游和下游。

表 3 - 12　2018 年图们江支流水环境质量月度变化

支流名称	断面名称	吉林省水质控制目标	1月	2月	3月	4月	5月	6月	7月	8月	9月	10月	11月	12月
嘎呀河	西崴子	III	—	—	—	IV	III	III	—	—	IV	—	III	II
	八叶桥	IV	III	IV	劣V	IV	IV	IV	—	—	IV	IV	IV	II
大汪清河	大仙	IV	III	IV	IV	III	III	III	—	—	III	III	III	III
布尔哈通河	榆树川	III	劣V	劣V	劣V	III	III	III	—	—	III	III	III	III
	延吉下	IV	劣V	V	劣V	IV	III	III	—	—	III	III	III	III
海兰河	石井	IV	劣V	V	劣V	IV	III	III	—	—	III	III	III	III
珲春河	春化	II	II	II	II	II	II	II	—	—	II	II	II	II
	三家子	III	劣V	V	劣V	IV	III	III	—	—	—	III	III	—

所评价的 8 个断面中，水质最差的是布尔哈通河的榆树川断面和海兰河的石井断面，1—3 月全部为劣 V 类水质；布尔哈通河的延吉下断面和珲春河的三家子断面水质也较差，1—3 月全部为 V～劣 V 类水质。水质最好的是珲春河的春化断面，全年全部为 II 类水体；其次为大汪清河的大仙断面，除 2—3 月外，其余月份全部达到 III 类水质。

（二）2019 年图们江支流水质月度变化

2019 年图们江支流水环境质量月度变化见表 3 - 13。2019 年，图们江支流嘎呀河、大汪清河、布尔哈通河、海兰河和珲春河的水质整体好于 2018 年。在本年度内，枯水期 1—3 月和丰水期 8—9 月的水质污染较重，大部分为 IV～劣 V 类水质。所评价的 8 个断面中，水质最差的是海兰河的石井断面，12 个月中达到或好于 III 类水质的月份仅有 3 个，其余为 IV～劣 V 类水质；水质较差的是布尔哈通河的延吉下断面，12 个月中达到或好于 III 类水质的月份有 5 个，其余为 IV～V 类水质。与 2018 年相同，水质最好的是珲春河的春化断面，全年 12 月全部为 II 类水体；其次为大汪清河的大仙断面，有 9 个月达到 III 类水质。2019 年丰水期 8—9 月部分断面的水质污染较重，达到 IV～V 类水质，这可能是受汛期降水或地表径流的影响。整体来看，支流水质明显劣于干流，上游和下游好于中游。

表 3－13　2019 年图们江支流水环境质量月度变化

支流名称	断面名称	吉林省水质控制目标	1月	2月	3月	4月	5月	6月	7月	8月	9月	10月	11月	12月
嘎呀河	西崴子	III	—	劣V	III	II	II	III	III	IV	IV	III	III	III
嘎呀河	八叶桥	IV	III	III	III	III	IV	IV	III	III	IV	III	III	III
大汪清河	大仙	IV	III	III	III	III	III	III	III	IV	IV	III	III	IV
布尔哈通河	榆树川	III	—	劣V	IV	III	III	III	III	III	III	III	III	III
布尔哈通河	延吉下	IV	III	V	IV	IV	IV	IV	IV	III	III	III	III	III
海兰河	石井	IV	劣V	劣V	III	III	III	III	III	III	V	V	III	IV
珲春河	春化	II	III	II	II	III	III	III	II	II	II	III	III	III
珲春河	三家子	III	—	III	—	III	—	V	III	III	III	III	III	III

（三）2020 年图们江支流水质月度变化

2020 年图们江支流水环境质量月度变化见表 3－14。2020 年图们江支流嘎呀河、大汪清河、布尔哈通河、海兰河和珲春河的水质整体好于 2018

表 3－14　2020 年图们江支流水环境质量月度变化

支流名称	断面名称	吉林省水质控制目标	1月	2月	3月	4月	5月	6月	7月	8月	9月	10月	11月	12月
嘎呀河	西崴子	III	V	IV	IV	III	III	II	III	II	II	IV	III	III
嘎呀河	八叶桥	IV	—	III	—	—	—	—	—	—	—	III	III	III
大汪清河	大仙	IV	—	IV	—	III	—	—	—	—	—	IV	III	—
布尔哈通河	榆树川	III	III	III	III	III	III	III	III	III	III	III	III	III
布尔哈通河	延吉下	IV	IV	IV	IV	III	IV	IV	III	III	III	III	III	III
海兰河	石井	IV	V	III	IV	III	III	III	III	III	III	III	III	III
珲春河	春化	II	II	II	II	II	II	II	II	II	II	II	II	II
珲春河	三家子	III	III	II	III	III	III	III	II	II	II	II	II	II

年和2019年，8个断面全年无劣Ⅴ类水质。在枯水期1—3月水质有一定污染，部分为Ⅳ～Ⅴ类水质。所评价的8个断面中，水质较差的是嘎呀河的西崴子断面、布尔哈通河的延吉下断面和海兰河的石井断面。与2018年、2019年相同，水质最好的是珲春河的春化断面，全年11个月达到Ⅱ类水体标准；其次为布尔哈通河的榆树川断面，全部达到Ⅱ～Ⅲ类水质。枯水期1—3月部分断面的水质污染相对较重，为Ⅳ～Ⅴ类水质。

（四）2021年图们江支流水质月度变化

2021年图们江支流水环境质量月度变化见表3-15。图们江主要支流嘎呀河、大汪清河、布尔哈通河、海兰河和珲春河的监测断面从8个增加至13个。5条支流整体水质较好，仅大仙断面1月为劣Ⅴ类水质。在枯水期1—3月和丰水期7—9月，部分断面的水质有一定污染，为Ⅳ～劣Ⅴ类水质。所评价的13个断面中，水质相对较差的是大汪清河的大仙断面和布尔哈通河的磨盘大桥断面。水质最好的是布尔哈通河的榆树川断面和珲春河的三家子断面，全年均达到Ⅱ～Ⅲ类水质水体标准。嘎呀河的八叶桥断面、海兰河的松月水库断面和石井断面、珲春河的镇安岭断面水质也较好，有11个月能够达到Ⅰ～Ⅲ类水质水体标准。

表3-15 2021年图们江支流水环境质量月度变化

支流名称	断面名称	1月	2月	3月	4月	5月	6月	7月	8月	9月	10月	11月	12月
嘎呀河	铁帽山	—	—	—	Ⅴ	Ⅲ	Ⅲ	Ⅳ	Ⅳ	Ⅲ	Ⅲ	Ⅲ	Ⅲ
	西崴子	Ⅴ	Ⅲ	Ⅳ	Ⅲ	Ⅲ	Ⅳ	Ⅲ	Ⅲ	Ⅱ	Ⅲ	Ⅱ	Ⅲ
	八叶桥	Ⅲ	Ⅲ	Ⅲ	Ⅲ	Ⅲ	Ⅲ	Ⅲ	Ⅲ	Ⅱ	Ⅲ	Ⅱ	Ⅱ
大汪清河	大仙	劣Ⅴ	Ⅳ	Ⅴ	Ⅳ	Ⅲ	Ⅳ	Ⅳ	Ⅳ	Ⅳ	Ⅲ	Ⅱ	Ⅱ
布尔哈通河	榆树川	Ⅱ	Ⅲ	Ⅲ	Ⅲ	Ⅲ	Ⅲ	Ⅲ	Ⅲ	Ⅲ	Ⅲ	Ⅱ	Ⅱ
	磨盘大桥	Ⅲ	Ⅲ	Ⅳ	Ⅲ	Ⅲ	Ⅲ	Ⅳ	Ⅳ	Ⅳ	Ⅳ	Ⅲ	Ⅳ
	下嘎	Ⅲ	Ⅲ	Ⅳ	Ⅲ	Ⅲ	Ⅲ	Ⅲ	Ⅲ	Ⅲ	Ⅲ	Ⅱ	Ⅱ
	延吉下	—	—	—	—	—	—	—	—	—	—	—	—
海兰河	松月水库	Ⅲ	Ⅲ	Ⅲ	Ⅲ	Ⅲ	Ⅲ	Ⅲ	Ⅳ	Ⅲ	Ⅲ	Ⅱ	Ⅱ
	石井	Ⅲ	Ⅳ	Ⅲ	Ⅲ	Ⅲ	Ⅲ	Ⅲ	Ⅲ	Ⅲ	Ⅲ	Ⅱ	Ⅱ
珲春河	春化	—	—	—	—	—	—	—	—	—	—	—	—
	镇安岭	Ⅱ	Ⅱ	Ⅰ	Ⅲ	Ⅲ	Ⅲ	Ⅲ	Ⅳ	Ⅲ	Ⅱ	Ⅱ	Ⅱ
	三家子	Ⅲ	Ⅱ	Ⅲ	Ⅲ	Ⅲ	Ⅲ	Ⅲ	Ⅲ	Ⅲ	Ⅲ	Ⅱ	Ⅲ

（五）2018—2021 年图们江支流水质空间变化趋势分析

1. 时间变化趋势分析

2020 年，8 个监测断面的 80 个水质分析结果中，Ⅰ～Ⅱ类水质 22 个，占 27.5%；Ⅲ类 43 个，占 53.8%；Ⅳ类 13 个，占 16.3%；Ⅴ类 2 个，占 2.5%。2021 年，13 个监测断面的 129 个水质分析结果中，Ⅰ～Ⅱ类水质 42 个，占 32.6%；Ⅲ类 65 个，占 50.4%；Ⅳ类 18 个，占 14.0%；Ⅴ类 3 个，占 2.3%；劣Ⅴ类 1 个，占 0.8%。与 2018 年和 2019 年相比，近两年的图们江支流监测断面Ⅰ～Ⅲ类水质增加，Ⅳ～劣Ⅴ类减少，水质好转。

2. 空间变化趋势分析

根据参考文献，20 世纪 80—90 年代，嘎呀河水质总体呈恶化趋势，由 80 年代的Ⅰ类水转化为Ⅳ类（中污染）水；2005—2010 年水质较 20 世纪 80 年代和 90 年代有所好转，但仍为Ⅳ类（中污染）水。2005—2007 年，布尔哈通河水质污染较重，海兰河水质相对较好，水域功能达标（王微等，2010）。2018—2021 年，整体水质逐渐好转，特别是 2021 年，支流所监测断面大部分时间为Ⅲ类水质。

根据 2018—2021 年图们江流域支流水质月度变化，整体来看，图们江流域的 5 条主要支流水质明显劣于流域干流，主要原因在于支流的水量小，流速较慢，水体对污染物质的稀释能力弱（王业耀等，2014）。图们江流域支流上游和下游好于中游，这可能是由于中游水质受临江城市排污影响较大所致。

第四节 图们江流域水质变化的影响因素

一、自然因素

影响图们江流域水环境质量的自然因素主要包括气候、水文、地质、地形等。自然水体水质具有一定的规律性，一般来讲，山区水质好于平原区水质；丰、平期水质优于枯水期水质（王微等，2010）。然而，从图们江干流和支流水环境质量月度监测数据来看，干流和支流的 11—12 月枯水期水质较好。对于支流来说，可能是由于支流枯水期水量少、流速小，有利于悬浮物沉淀的结果（王微等，2010）。而 7—9 月水质相对较差，可能是因为汛期降水，或者地表径流携带大量泥沙等污染物质进入河流，影响河流丰水期的水质。自然环境水土流失也是导致图们江水质变差的重要自然因素，河源区区域内植被的减少导致水土流失严重，泥沙被地表径流带入河流中，导致水质下降。

二、人为因素

影响图们江流域水环境质量的人为因素主要包括城镇工业和生活污水、农田灌溉等。流域内人类的工、农业活动及生活污水的排放是图们江水污染的主要来源，其中又以工业污染源为主（王微等，2010）。污染源以其进入水体的形式可分为点污染源和面污染源。点污染源主要为城镇和工矿企业排放的工业废水和生活污水，又以工业废水为主（王微等，2010）。

根据 2003 年延边朝鲜族自治州入河排污口的调查结果（时淑英，2006），开山屯镇和图们市每年排放污水 3 364 万 t，其中化学需氧量 70 926 t 和氨氮 441 t。明月镇、延吉市、和龙市、龙井市、汪清镇和石岘镇排放的 6 006 万 t 污水，其中，化学需氧量 47 782 t 和氨氮 1 395 t 也通过嘎呀河、布尔哈通河与海兰河排入图们江。

根据《吉林省第一次全国污染源普查公报》(2010)，图们江流域工业源化学需氧量排放量 4.65 万 t，氨氮排放量 400.59 t，石油类排放量 20.94 t，挥发酚排放量 15.99 t，重金属排放量 11.81 t。生活污染源图们江流域排放化学需氧量 2.88 万 t，总氮 0.39 万 t，总磷 0.026 万 t，石油类（含动植物油）0.13 万 t。

根据 2022 年吉林省重点排污单位名录，图们江流域主要的污水企业类型包括制药企业、污水处理厂、啤酒制造企业、制浆造纸企业、禽类屠宰企业、铜冶炼企业、副食制造企业等。随着污水处理厂的建设和废水处理的方法和技术的不断进步，多数工业废水和生活污水能够达标排放，使图们江流域水质得到改善。

面污染源大多由农田灌溉和大面积使用化肥、农药等因素造成。存在于流域表面的各种污染物质，在地表径流或农田排水系统汇集过程中被带入河道，形成污染。2006 年图们江流域中，图们市机耕田化肥施用量为 813.9 kg/hm²，珲春市、和龙市、汪清县的机耕田化肥施用量分别为 503.7 kg/hm²、495.5 kg/hm² 和 767.6 kg/hm²，而安图县单位机耕面积上的化肥施用量则高达 1 096.8 kg/hm²。

参考文献

高文义，张守伟，2008. 图们江流域泥沙特性分析 [J]. 吉林水利（4）：13 - 14.

吉林省统计局，2007. 吉林统计年鉴 [M]. 北京：中国统计出版社.

彭文启，张祥伟，2005. 现代水环境质量评价理论与方法 [M]. 北京：化学工业出版社.

时淑英，昌镜伟，2006. 图们江干流水质状况评价分析 [J]. 吉林水利（7）：31，35.

王微，王宁，袁星，2010. 图们江流域水环境质量变化规律 [J]. 水资源保护，26（5）：1 - 5.

王业耀，孟凡生，2014. 松花江水环境污染特征 [M]. 北京：化学工业出版社.

第四章

图们江鱼类资源

第一节 鱼类组成特点

一、种类组成

据现场调查及资料记载（吉林省水产科学研究所，1985；解玉浩，2007），图们江流域鱼类共计 10 目 13 科 49 种。其中，鲤科 23 种，占 46.9%；鲑科 6 种，占 12.2%；七鳃鳗科、鳅科、虾虎鱼科、杜父鱼科各 3 种，分别占 6.1%；鮨科 2 种，占 4.1%；胡瓜鱼科、刺鱼科、鳢科、塘鳢科、鳕科、鲀科各 1 种，分别占 2.0%（表 4-1）。

表 4-1　图们江鱼类名录

目	科	种类	资料来源
七鳃鳗目 Petromyzoniformes	七鳃鳗科 Petromyzontidae	日本七鳃鳗 *Lampetra japonica*	1, 2
		东北七鳃鳗 *Lampetra morii*	5
		雷氏七鳃鳗 *Lampetra reissneri*	3
鲑形目 Salmoniformes	鲑科 Salmonidae	大麻哈鱼 *Oncorhynchus keta*	2
		马苏大麻哈鱼（含陆封型）*Oncorhynchus masou*	1, 2
		驼背大麻哈鱼 *Oncorhynchus gorbuscha*	2
		花羔红点鲑 *Salvelinus malma*	2
		白斑红点鲑 *Salvelinus leucomaenis*	2
		细鳞鲑 *Brachymystax lenok*	1, 2
	胡瓜鱼科 Osmeridae	胡瓜鱼 *Osmerus mordax*	2

（续）

目	科	种类	资料来源
鲤形目 Cypriniformes	鲤科 Cyprinidae	真鲅 *Phoxinus phoxinus*	1, 2
		图们鲅 *Phoxinus phoxinustumensis*	2
		洛氏鲅 *Rhynchocypris lagowskii*	2
		尖头鲅 *Rhynchocypris oxycephalus*	2
		湖鲅 *Rhynchocypris percnurus*	1, 2
		图们雅罗鱼 *Leuciscus waleckiitumensis*	2
		珠星三块鱼 *Tribolodon hakonensis*	2
		三块鱼 *Tribolodon brandti*	2
		马口鱼 *Opsariichthys bidens*	3
		银鲴 *Xenocypris argentea*	1, 2
		鳌 *Hemiculter leucisculus*	1, 2
		黑龙江鳑鲏 *Rhodeus sericeus*	1, 2
		大鳍鱊 *Acheilognathus macropterus*	1, 2
		麦穗鱼 *Pseudorasbora parva*	1, 2
		图们中鮈 *Mesogobio tumenensis*	2
		大头鮈 *Gobio macrocephalus*	1, 2
		棒花鱼 *Abbottina rivularis*	1, 2
		鲤 *Cyprinus carpio*	1, 2
		鲫 *Carassius auratus*	2
		鳙 *Aristichthys nobilis*	1, 2, 3
		鲢 *Hypophthalmichthys molitrix*	1, 2, 3
		草鱼 *Ctenopharyngodon idella*	3
		青鱼 *Mylopharyngodon piceus*	3
	鳅科 Cobitidae	北鳅 *Lefua costata*	2
		北方须鳅 *Barbatula barbatulanuda*	1, 3
		黑龙江花鳅 *Cobitis lutheri*	1, 2
刺鱼目 Gasterosteiformes	刺鱼科 Gasterosteidae	九棘刺鱼 *Pungitius pungitius*	2
鲇形目 Siluriformes	鲿科 Bagridae	黄颡鱼 *Pelteobagrus fulvidraco*	3

（续）

目	科	种类	资料来源
鲉形目 Scorpaeniformes	杜父鱼科 Cottidae	杂色杜父鱼 *Cottus poecilopus*	2
		克氏杜父鱼 *Cottus czerskii*	1, 2
		图们江杜父鱼 *Cottus hangiongensis*	4
鲻形目 Mugiliformes	鲻科 Mugilidae	鲻 *Mugil cephalus*	1, 2
		鲛 *Liza haematocheila*	2
鲈形目 Perciformes	虾虎鱼科 Gobiidae	黄带克丽虾虎鱼 *Chloea laevis*	1, 2
		褐吻虾虎鱼 *Rhinogobius brunneus*	1, 2
		暗缟虾虎鱼 *Tridentiger obscurus*	2
	塘鳢科 Eleotridae	葛氏鲈塘鳢 *Perccottus glehni*	1, 2
鳕形目 Gadiformes	鳕科 Gadidae	细身宽突鳕 *Eleginus gracilis*	2
鲀形目 Tetraodontiformes	鲀科 Tetraodontidae	暗纹东方鲀 *Takifugu obscurus*	2

注：1.《黑龙江水系（包括辽河和鸭绿江流域）渔业资源调查报告附件二》；2.《东北地区淡水鱼类》；3. 2013—2020 年中国水产科学研究院黑龙江水产研究所调查结果；4.《中国淡水鱼类原色图集》。

二、国家重点保护和濒危鱼类

依据《国家重点保护动物名录》《濒危野生动植物种国际贸易公约》《中国濒危动物红皮书·鱼类》《中国生物多样性红色名录·内陆鱼类》和《国家重点保护野生动物名录》等相关资料，图们江分布的鱼类中，国家Ⅱ级保护动物 2 目 2 科 4 种，濒危种类有 3 目 3 科 5 种（表 4 - 2）。列入吉林省重点保护水生野生动植物名录（第一批）鱼类有 3 目 3 科 7 种（表 4 - 3）。

表 4 - 2　图们江国家重点保护及濒危鱼类名录

目	科	种类	保护级别	濒危等级
七鳃鳗目	七鳃鳗科	日本七鳃鳗	Ⅱ	LC
		东北七鳃鳗	Ⅱ	VU
		雷氏七鳃鳗	Ⅱ	VU

（续）

目	科	种类	保护级别	濒危等级
鲑形目	鲑科	细鳞鲑	Ⅱ	EN
鲤形目	鲤科	珠星三块鱼		VU
		三块鱼		VU

注：濒危（Endangered，EN），易危（Vulnerable，VU），无危（Least Concern，LC）。

表 4-3　图们江列入吉林省重点保护水生野生动植物名录（第一批）鱼类

目	科	种类
七鳃鳗目	七鳃鳗科	日本七鳃鳗
		东北七鳃鳗
		雷氏七鳃鳗
鲑形目	鲑科	马苏大麻哈鱼（含陆封型）
		驼背大麻哈鱼
		花羔红点鲑
鲤形目	鲤科	图们中鮈

三、流域优先保护鱼类

根据图们江流域鱼类的特点及结合本次调查结果，建议图们江优先保护的鱼类为3目3科12种（表4-4）。

表 4-4　优先保护鱼类名录

目	科	种类
七鳃鳗目	七鳃鳗科	日本七鳃鳗
		东北七鳃鳗
		雷氏七鳃鳗
鲑形目	鲑科	大麻哈鱼
		马苏大麻哈鱼（含陆封型）
		驼背大麻哈鱼
		花羔红点鲑
		细鳞鲑
		白斑红点鲑

（续）

目	科	种类
		三块鱼
鲤形目	鲤科	珠星三块鱼
		图们中鮈

四、国家重点保护和珍稀濒危鱼类生物学简介

（一）细鳞鲑

1. 形态特征

吻钝，口亚下位，口裂小，宽大于长。上颌超过下颌，上颌骨后缘在眼中央垂直线以前，上下颌、犁骨及腭骨均具齿。眼较大，较接近于吻端。鳞细小，侧线完全。体长而侧扁。背鳍起点至吻端较至尾鳍基部的距离为近；胸鳍低，长度不达腹鳍基部起点。背鳍与腹鳍相对，但腹鳍起点在背鳍起点之后，腹鳍有较长的腋鳞，脂鳍较大，与下方臀鳍相对。尾正型，尾鳍分叉较深。体背部黑褐色，体侧银白或呈黄褐色及红褐色。背部及体侧散布黑色较大斑点，斑点多在背部及侧线鳞以上，背鳍及脂鳍上也有少数斑点。幼鱼体侧散布有垂直的暗斑纹（张觉民，1995；解玉浩，2007）。

2. 生活习性

喜栖息于水质澄清急流、高氧、石砾底质、水温 15 ℃以下、两岸植被茂密的支流。它具有明显的适温洄游习性，春季（4 月中旬至 5 月下旬）进行产卵洄游，由主流游进支流；秋季（9 月中旬至 10 月中旬）进行越冬洄游，从支流回到主流。细鳞鲑产卵期为 4 月中旬至 5 月下旬，产卵水温 5~8 ℃。产卵场条件为水质清澈、沙砾底质、流速 1.0~1.5 m/s、两岸植被茂密的河滩处。细鳞鲑属肉食性鱼类，以无脊椎动物、小鱼等为主要摄食对象。

3. 分布

我国图们江、鸭绿江、黑龙江、绥芬河、额尔齐斯河等水系均有分布。调查期间，在红旗河采集细鳞鲑 17 尾 [全长 20.28~35.27 mm，平均（29.93±10.45）mm；体重 146.35~348.98 g，平均（269.6±98.76）g]。

4. 人工繁育

目前细鳞鲑已实现规模化繁育。

（二）马苏大麻哈鱼（陆封型）

1. 形态特征

体长而侧扁。口端位，吻突出微弯如鸟喙。上颌骨后端达眼后方。上下颌具齿，齿端微弯尖锐。生殖季节颌齿变黑、变强硬，雄体吻端突出弯曲呈钩状，上下相向如钳形。体被细小的鳞，头部无鳞。体背部深暗，腹部浅白色，体侧有8～10个深色块状横斑，背部和体侧有深色圆斑点。春季2龄以上个体体侧呈金黄色彩带，尾鳍及臀鳍边缘及侧线上呈珠红色细纹。体长而侧扁。秋季性成熟个体色彩消失，全体呈暗黑色（张觉民，1995；解玉浩，2007）。

2. 生活习性

终生生活于江河冷水区。9—10月产卵。雄性参与洄游型回归群体交配。陆封型生活周期较长，雄性个体性腺一生中能多次成熟，越年后还能参与第二次生殖。它是以底栖动物为主的肉食性鱼类。幼鱼主要摄食底栖动物、水生昆虫、甲壳类幼体和鱼卵。2～3龄性成熟，怀卵量平均为367粒，雌雄比1:3.05。生殖期副性征明显，雄性呈鲜艳婚姻色，头部和体侧黑色，间有橘红色条纹，腹鳍、臀鳍末端白色，尾鳍下叶橘红色；雌鱼体色较浅，上下颌平直，腹部膨大松软。产卵场位于水质澄清、砾石底质流水浅水区。图们江马苏大麻哈鱼产卵生态条件是平均水深0.5 m，平均流速0.7 m/s，pH 6.8～7.0，溶解氧8～9 mg/L，水温11～20 ℃。产卵前雌鱼摆动尾鳍借水流向四周移动沙砾，掘成产卵床（长径1～2 m，短径0.5～1.0 m，深0.2～0.3 m）。交配后受精卵落入床内，然后雌鱼用尾鳍扇动沙砾，覆盖产卵床。雌鱼分数次产卵，掘2～3个产卵床。产卵期间亲体看护产卵床，产卵之后亲体逐渐全部死亡。受精卵橙黄色，卵径5～6 mm。水温平均15 ℃时约经33 d孵化，水温8 ℃时约经2个月孵化。通常在淡水中生活1年后，群体开始分离成陆封型和降海型。

3. 分布

中国分布于绥芬河、图们江中上游及其支流，多在海拔600 m以上的山区溪流里。国外分布于俄罗斯、日本和朝鲜。

4. 人工繁育

目前马苏大麻哈鱼（陆封型）已实现规模化繁育（康学会等，2016；陈春山等，2016；陈春山，2017）。

（三）花羔红点鲑

1. 形态特征

口下位，口裂较大，呈弧形。上下颌均具成行细齿；犁骨齿稀疏，不与腭骨齿相连；舌面亦有少数细齿。体鳞细小。雄性个体头部较尖。

2. 生活习性

有陆封型和洄游型之分，我国境内为陆封型，终生生活于江河干流及支流清冷水域。每年9—10月，水温8℃左右时，在砾石底质、水深30～60 cm的缓流处产卵。3～4龄性成熟。卵圆形，橙黄色，卵径4.2～5.0 mm。怀卵量为194～310粒。食性广，以底栖动物及落入水中的昆虫为主，有时甚至跳出水面掠食（张觉民，1995；解玉浩，2007）。

3. 分布

我国主要分布于图们江、绥芬河和鸭绿江等水系。

4. 人工繁育

目前花羔红点鲑已实现规模化繁育。

（四）东北七鳃鳗

1. 形态特征

体呈鳗形，前部圆筒状，后部侧扁。尾部较短，肛门位于体后部。眼为半透明皮肤所覆盖。鼻孔1个，位于眼前背方中央，边缘隆起，无色素分布，呈环状，其后方有1个长椭圆形浅色斑，为顶眼区，有感光作用。口下位，呈漏斗状吸盘，边缘环围着穗状突起，每一突起呈掌状，末端分支。无上下颌。口漏斗内齿角质，呈浅黄色；上唇板两端各具一齿，内侧齿3对，齿端有2尖，有外侧齿，齿尖向内弯曲；下唇板齿变异较大，6～9枚，弧形排列，两端齿略呈双峰形；上侧齿数多，里大外小；具下侧齿；前舌齿5～19枚，中间和两端的齿较大，呈"山"字形。鳃囊每侧7个，每囊具一短外鳃管，各自开口于外。鳃孔每侧7个，位于眼后。体表裸露无鳞，侧线不发达，仅在眼前方一段较显著。背鳍2个，均较低矮；两背鳍间有明显间距，第二背鳍长，上缘不呈等腰三角形，略显波浪状。后端以低皮褶与尾鳍相接，鳍内有辐状软骨条支持。尾鳍矛状。腹面尾鳍前端中央皮褶极低，前延不达肛门。肛门后方具一稍尖突的尿殖乳突。无偶鳍。体灰褐色，腹部灰白色（解玉浩，2007）。

2. 生活习性

终生栖息于淡水，生活于有微流、沙质底的山区河流；白天钻入沙内或石砾中，夜晚出来觅食；冬季钻入淤泥中越冬。幼鱼经 3～4 年变态为成鱼，白天亦藏在沙砾中，夜晚出来觅食。

3. 分布

我国分布于图们江、鸭绿江、松花江等水系。调查期间，在红旗河采集东北七鳃鳗 6 尾 [全长 177.08～231.34 mm，平均 (203.20±22.38) mm；体重 6.81～27.61 g，平均 (14.45±9.07) g]。

4. 人工繁育

目前东北七鳃鳗人工繁育已获成功。

（五）雷氏七鳃鳗

1. 形态特征

体圆柱状，尾部略侧扁。头圆，眼上位。鼻孔一个，位于头背面两眼前方。鼻孔后有透明皮斑。口下位，为漏斗状吸盘。口吸盘周围有围缘齿和光滑穗状乳突，口吸盘内分布唇齿。有上唇齿，下唇齿通常无，有时 1 行，弧形排列。上唇板齿 2 枚。下唇板齿 6～7 枚，两端齿较大，顶端分两齿尖。内侧唇齿每侧 3 枚，齿端有 2 尖。无外侧唇齿。前舌齿梳状，中间和两端齿大，呈"山"字形。体表裸露无鳞。沿眼后的头两侧各有 7 个鳃孔。外鳃孔构造同日本七鳃鳗。无偶鳍。背鳍 2 个，底部相连，两背鳍间有缺刻；第二背鳍较高，呈弧形。背鳍、臀鳍和尾鳍相连，尾鳍末端呈箭状。鳍为半透明柔软的膜质状，无鳍条。最后鳃孔至臀鳍起点间肌节59～66。生殖季节雄鱼的管状尿殖乳突露于体外。背部暗褐色，腹部灰白色（张觉民，1995；解玉浩，2007）。

2. 生活习性

为淡水生活种类，喜栖于有缓流、沙质底质的溪流中，白天钻入沙内或藏于石下，夜出觅食。游泳时呈鳗形扭曲摆动。幼体基本上以沙石上的植物碎屑和附着藻类为食。成体以浮游动植物为食，也营寄生生活，用吸盘吸附在其他鱼体上，凿破皮肤吸吮其血肉。为小型鱼类，记录成体最大全长 205 mm，仔鳗全长可达 160 mm。全长 160 mm 以上达成熟。产卵期 5 月末至 7 月。产卵后部分亲体死亡。

3. 分布

我国图们江、鸭绿江、黑龙江、绥芬河等水系均有分布。调查期间，在红旗河采集雷氏七鳃鳗 46 尾 [全长 7.9～21.1 mm，平均 (16.4±2.5) mm；体重 1.55～4.64 g，平均 (4.6±1.84) g]。

4. 人工繁育

目前雷氏七鳃鳗人工繁育情况尚未见相关报道。

（六）图们中鮈

1. 形态特征

头大，圆钝，其长大于体高。吻端略钝，吻长大于眼后头长。口下位，浅弧形，口裂较宽。唇厚、发达，唇及颏部均具细小乳突（但不如中鮈明显），下唇侧叶发达，呈片状肉瓣，上唇在口角处与此肉瓣相连，其上亦布有细小乳突，下唇前部乳突不明显，与侧叶由一狭窄部分相连，下唇与颏部界限不明。上下颌明显突出于上下唇之外，边缘具发达的角质，下颌缘更为锋利。须 1 对，粗长，其长为眼径的 2～3 倍，向后可伸达或超过眼后缘。眼稍小，侧上位。眼间宽，微凹。鳞中等大，背中线在背鳍前部的鳞片较小，侧线下方的鳞片略大于侧线上方鳞片，胸鳍基部之前裸露无鳞，前腹部鳞片变小，且埋于皮下。侧线完全，几平直。体长，粗壮，前段近圆筒形，向后渐细，腹部圆，尾柄侧扁。

背鳍短，无硬刺，其起点距吻端较至尾鳍基为近，外缘浅凹。偶鳍近乎平展，胸鳍较长，后缘圆钝。腹鳍起点位于背鳍起点的后下方，末端超过肛门。肛门位置在腹、臀鳍间的后 1/3 处。臀鳍短，起点位置近腹鳍基部。尾鳍分叉，上、下叶等长，末端略尖。

下咽齿略呈圆柱状，微侧扁，顶端尖钩。鳃耙小，侧扁，呈片状，排列稀疏。肠管粗，其长为体长的 1.0～1.2 倍。鳔 2 室，前室长圆，长度略大于眼径，包被于韧质膜囊内，后室细长，为前室的 1.8～2.0 倍。腹膜黑褐色。

体背黄褐色，背部正中自头后至尾基通常具6～7块黑斑，沿体侧中轴有1黑纵纹，其上具有8～10块大黑斑，腹部灰白。吻端至眼前及口角至眼下各有1黑斜条，鳃盖处有1黑斑点。背、尾鳍由多数黑点组成若干黑斑条，胸鳍暗黑色，腹、臀鳍略带浅肉红色（解玉浩，2007）。

2. 分布

主要分布于我国图们江流域。

3. 人工繁育

目前图们中鮈人工繁育情况尚未见相关报道。

五、冷水性及喜冷水性鱼类

图们江流域冷水性及喜冷水性鱼类有4目6科20种，占图们江鱼类总数的40.8%，其中经济冷水性及喜冷水性鱼类有10种，占图们江冷水性鱼类的50.0%，见表4-5。

表4-5 图们江冷水性及喜冷水性鱼类名录

目	科	种类
七鳃鳗目	七鳃鳗科	日本七鳃鳗
		东北七鳃鳗
		雷氏七鳃鳗
鲑形目	鲑科	大麻哈鱼
		马苏大麻哈鱼
		驼背大麻哈鱼
		花羔红点鲑
		白斑红点鲑
		细鳞鲑
鲤形目	鲤科	真鱥
		图们鱥
		尖头鱥
		图们雅罗鱼
		珠星三块鱼
		三块鱼
	鳅科	北方须鳅

(续)

目	科	种类
刺鱼目	刺鱼科	九棘刺鱼
鲉形目	杜父鱼科	杂色杜父鱼
		克氏杜父鱼
		图们江杜父鱼

六、外来鱼类

图们江外来鱼类主要有2目2科5种，占图们江鱼类的10%，分别为鲢、鳙、草鱼、青鱼等4种鲤科鱼类和1种鲿科鱼类黄颡鱼，这几种鱼类均为养殖水体逃逸至河道中（表4-6）。

表4-6 外来鱼类

目	科	种类
鲤形目	鲤科	鳙
		鲢
		草鱼
		青鱼
鲇形目	鲿科	黄颡鱼

七、鱼类区系

在鱼类区系组成上，鲤科23种，占46%，居首位，是构成图们江鱼类的主要类群；其次为鲑科，共有7种，3种大麻哈鱼类是我国名贵的溯河性洄游鱼类，其中马苏大麻哈鱼又分陆封型、降海型两个地理生态群体。2种三块鱼是我国珍稀的、仅有的鲤科溯河性洄游鱼类；鲢、鳙、草鱼、青鱼等鱼类是养殖水体逃逸到河流的。

鱼类起源由6个区系复合体组成。北极淡水鱼类区系复合体是形成欧亚北部高寒地区强冷水性鱼类，如白斑红点鲑、花羔红点鲑等；北方山区鱼类区系复合体是在冰川期北半球亚寒带山麓区形成的鱼类，喜低温、水清流水、石砾底质等，有细鳞鲑、杂色杜父鱼等；北方平原鱼类区系复合体是在北半球北部亚寒带平原区形成的鱼类，具喜氧耐寒特性，有图们雅罗鱼等；古第三纪鱼类区系复合体是在第三纪旧大陆北部温带地区并经冰川期残留下来的鱼类，有日本七鳃鳗、鲤、鲫、麦穗鱼等；江河平原鱼类区系复合体是在第三纪中国东部平原水域发生的鱼类，适应开阔水域中上层，如棒花鱼、鲢、鳙等；热带平原鱼类区系复合体是原产南岭以南的鱼类，适应高温耐低氧特性，有黄颡鱼等。

鱼类区系是在不同鱼类种群的相互联系及其环境条件综合因子的长期影响和适应过程中形成的。由于图们江流域具有寒温带大陆季风气候及高寒地区的高山寒冷气候影响的显著特征，流域周围的地形复杂，西南部、南部、东南部依长白山脉形成高山隔绝，具有三侧依山一面临海的狭窄地带的特点，水流湍急，水质澄清，氧气充足，水温较低，形成图们江水系鱼类区系组成的特异性，表现为丰富的冷水性、溪流性、喜冷性鱼类居多。由于图们江水系地处北纬 40°的北太平洋水域，为鲑科鱼类地理分布范围内，表现为溯河性洄游鱼类居多的特点。

在动物地理学上，图们江水系鱼类区系被划归古北界的西伯利亚亚界黑龙江过渡区的滨海亚区。李思忠（1981）把黑龙江亚区包括为黑龙江、图们江、绥芬河等水系。图们江多为山川溪流生态条件，呈现出江河平原区系复合体和热带平原区系复合体鱼类极少的特点。

八、鱼类生态类群

图们江为入海河流，其中，洄游性鱼类有大麻哈鱼、马苏大麻哈鱼、驼背大麻哈鱼、日本七鳃鳗、珠星三块鱼和三块鱼（表 4-7）。

表 4-7　主要鱼类种类生态类群

鱼类名称		是否为洄游性鱼类	生活环境与习性	经济价值
七鳃鳗科	日本七鳃鳗	是	幼体食浮游生物，成体多寄生生活，生活于水体底层，黏性卵黏于沙砾处	具一定经济价值
	雷氏七鳃鳗	否	生活于水体底层沙中，吸食浮游动物，卵埋在沙砾中	无经济价值
	东北七鳃鳗	否	生活于水体底层沙中，吸食浮游动物，卵埋在沙砾中	经济价值不高

（续）

鱼类名称		是否为洄游性鱼类	生活环境与习性	经济价值
鲑科	大麻哈鱼	是	洄游性种类，产卵场在流速较急、水质澄清的水域，沉性卵落在石砾间	经济价值高
	驼背大麻哈鱼	是	洄游性种类，产卵场在流速较急、水质澄清的水域，沉性卵落在石砾间	经济价值高
	马苏大麻哈鱼	是	洄游性种类，产卵场在流速较急、水质澄清的水域，沉性卵落在石砾间	经济价值高
	花羔红点鲑	否	生活于江河干流及支流清冷水域，在砾石底质、水深 30～60 cm 的缓流处产卵	经济价值高
	白斑红点鲑	否	生活于江河干流及支流清冷水域，在砾石底质、水深 30～60 cm 的缓流处产卵	经济价值高
	细鳞鲑	否	生活于澄清的冷水水域，在砾石底质、水深 30～60 cm 的缓流处产卵	经济价值高
鲤科	草鱼	半洄游性	生活在水体的中、下层和近岸多水草区域，以水生维管植物为食，漂流性卵	重要经济鱼类
	洛氏鲹	否	生活于澄清的冷水水域，以水生维管植物和藻类为主食，黏性卵黏在砾石上	经济价值不大
	图们鲹	否	生活于澄清的冷水水域，以水生维管植物和藻类为主食，黏性卵黏在砾石上	经济价值不大
	图们雅罗鱼	半洄游性	喜栖息于低温河段，杂食性，黏性卵黏在砾石上	重要经济鱼类
	图们中鮈	否	喜栖于有缓流、沙质底质的溪流中，白天钻入沙内或藏于石下，夜出觅食	经济价值不大
	黑龙江鳑鲏	否	喜栖于河流缓流区，植食性小型鱼类，卵产于蚌类中	经济价值不大
	大鳍鱊	否	栖于缓流区，植食性小型鱼类，卵产于蚌类中	经济价值不大

（续）

鱼类名称		是否为洄游性鱼类	生活环境与习性	经济价值
鲤科	麦穗鱼	否	栖于水体浅水区，以浮游动物为食，黏性卵黏于树枝、石块、蚌上	经济价值不大
	克氏鳈	否	栖于流水中下层，以底栖动物为食	经济价值不大
	棒花鱼	否	缓流底栖，以小型底栖动物为食，保护性产卵	经济价值不大
	鲤	否	栖于流水或静水下层，杂食性，黏性卵附着植物基部	重要经济鱼类
	鲫	否	生活于流水或静水下层，杂食性，黏性卵附着植物基部	重要经济鱼类
	鲢	半洄游性	生活于水流中上层，滤食性，以浮游生物为食，漂流性卵	重要经济鱼类
鳅科	黑龙江花鳅	否	栖于流水底层，食小型底栖动物和藻类	经济价值不大
	北鳅	否	栖于流水底层，食小型底栖动物和藻类	具一定经济价值
	黑龙江泥鳅	否	水域泥底生活，以底栖动物为食，黏性卵附着枯草或水草上	重要经济鱼类
杜父鱼科	杂色杜父鱼	否	生活于支流清冷水域，生活在卵石多的水底，沉性卵落在石砾间	具一定经济价值
	克氏杜父鱼	否	生活于支流清冷水域，生活在卵石多的水底，沉性卵落在石砾间	具一定经济价值
	图们江杜父鱼	否	生活于支流清冷水域，生活在卵石多的水底，沉性卵落在石砾间	具一定经济价值
鲶科	黄颡鱼	否	缓流底层生活，以底栖动物或小鱼为食	重要经济鱼类
塘鳢科	葛氏鲈塘鳢	否	栖于缓流和静水近岸区，杂食性，黏性卵	具一定经济价值

（续）

鱼类名称		是否为洄游性鱼类	生活环境与习性	经济价值
鲻科	鲻	否	主要栖息于沿岸沙泥底水域。幼鱼时期喜欢在河口、红树林等半淡咸水海域生活，甚至可到河流中，随着成长而游向外洋	重要经济鱼类
	鲛	否	喜栖于河口与内湾，亦进入淡水水体	重要经济鱼类
虾虎鱼科	黄带克丽虾虎鱼	否	喜栖于沟渠或沙砾底质的河流，以昆虫和藻类为食	经济价值不大
	褐吻虾虎鱼	否	多栖于江河、湖泊及池塘的沿岸浅滩，摄食小鱼、底栖动物、浮游动物及藻类等	经济价值不大
	暗缟虾虎鱼	否	栖息于激流或穴居于泥洞中，摄食小鱼、底栖动物、浮游动物及藻类等	经济价值不大
塘鳢科	葛氏鲈塘鳢	否	喜栖息于江河小支流的静水处，或者是水生植物较多的沼泽里，属肉食性鱼类	具一定经济价值
鲀科	暗纹东方鲀	否	栖息于水域的中下层，幼鱼生活在江河或通江的湖泊中育肥	重要经济鱼类

1. 生境利用类群

由于图们江水域独特的地理、气候环境，孕育了丰富的物种资源，图们江支流多为山区河流。鱼类主要由 3 种生态类型构成：

（1）底层生活类群　生活于干流及支流流速较快水域当中，包括鮈亚科、鲤亚科、鳅科等，如鲤、鲫、北方须鳅等。

（2）中层生活类群　生活于水体中上层水域身体侧扁的鱼类，多生活于支流水体，包括鲌鲅亚科等。

（3）水体上层生活鱼类　纺锤形，游泳能力强，游动迅速，包括雅罗鱼亚科及外来鱼类（鲢、鳙、草鱼等）。

2. 食性生态类群

（1）浮游植、动物食性鱼类 由于图们江水体缺乏营养，浮游植物生物量较少，营滤食生活的鱼类不多，仅有外来鱼类鲢、鳙 2 种。

（2）着生藻类食性 图们江中上游卵石底生境比例较高，卵石上附着有一定量的着生藻类。这类鱼类主要有鳅科的黑龙江花鳅等。

（3）底栖动物食性鱼类 包括鮈亚科、杜父鱼科，如大头鮈、杂色杜父鱼等。

（4）杂食性鱼类 包括鲤、鲫等。

（5）食水生维管植物鱼类 仅外来鱼类草鱼 1 种。

3. 繁殖生态类群

根据亲鱼产卵位置的选择以及受精卵的性质，图们江鱼类繁殖生态类群为 4 种：

（1）产沉性卵类群 包括鲑科、杜父鱼科等。

（2）产黏性卵类群 包括鲤亚科等。

（3）筑巢产卵类群 包括黄颡鱼等。

（4）其他产卵类群 包括产卵于软体动物外套腔中的黑龙江鳑鲏、大鳍鱊等。

4. 洄游生态类群

由于鱼类栖息环境的不同，洄游性质也不同。人们常常把洄游鱼类分成海洋洄游鱼类、淡水洄游鱼类、河口半咸水洄游鱼类、过河口性洄游鱼类等。根据鱼类洄游的性质，把进行长距离移动和海淡水之间运动的鱼类称作洄游鱼类，把不同淡水水体之间的移动或江河上下游之间的移动的鱼类称作半洄游鱼类。

（1）洄游性（海淡水洄游）鱼类 主要有大麻哈鱼、驼背大麻哈鱼、马苏大麻哈鱼、珠星三块鱼、三块鱼和日本七鳃鳗 6 种洄游鱼类，其在海水中生长，在淡水中繁殖。

（2）半洄游性鱼类 主要在湖泊进行育肥，这些种类的繁殖必须在江河中的流水环境中进行，包括鲢、草鱼、青鱼和鳙等产漂流性卵的种类。

图们江存在 6 种海淡水洄游性鱼类，4 种江湖半洄游性鱼类，但是这 4 种江湖半洄游性鱼类均为外来物种（表 4-8）。

表 4-8 图们江主要鱼类洄游生态类群分布

科	种类	海淡水洄游性鱼类	江湖半洄游性鱼类
七鳃鳗科	日本七鳃鳗	+	
鲑科	大麻哈鱼	+	
	马苏大麻哈鱼	+	
	驼背大麻哈鱼	+	
鲤科	珠星三块鱼	+	
	三块鱼	+	
	草鱼		−
	鳙		−
	鲢		−
	青鱼		−

注:"+": 土著鱼类,"−": 外来鱼类。

第二节 渔 获 物

一、图们江干流

1. 崇善段

上游崇善段现场布设地笼网 8 个,共采捕鱼类 408 尾,重量为 25.796 kg,渔获物组成有雷氏七鳃鳗、洛氏鲅、鳌、黑龙江鳑鲏、黑龙江花鳅、北方须鳅、棒花鱼、麦穗鱼、杂色杜父鱼、葛氏鲈塘鳢和褐吻虾虎鱼等,其中黑龙江鳑鲏数量和重量均最高(图 4-1)。

2. 密江口段

密江河口断面现场布设刺网 10 次,渔获物主要有银鲫、北方须鳅、棒花鱼、鳌、黑龙江鳑鲏和洛氏鲅等,其中北方须鳅采集的数量最高,银鲫采集的重量最高,渔获物组成如图 4-2 所示。

3. 沙坨子段

图们江下游沙坨子段现场布设刺网 10 次,共计采捕鱼类 190 尾,重

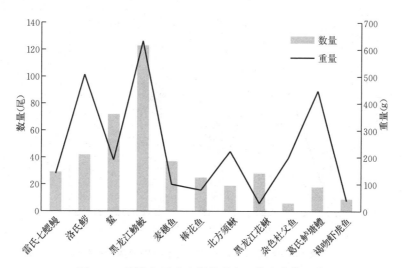

图 4-1 图们江干流上游崇善段地笼渔获物组成

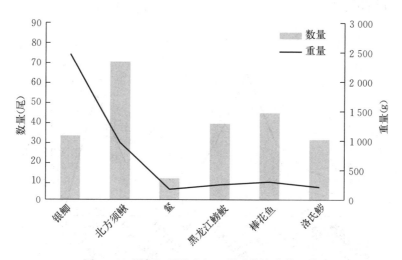

图 4-2 图们江干流密江口段地笼渔获物组成

量为 22.665 kg，渔获物主要有洛氏鱥、黑龙江鳑鲏、鲤、银鲫和鲢等，其中黑龙江鳑鲏采集的数量最高，鲤采集的重量最高。渔获物组成如图 4-3 所示。

图们江下游沙坨子段现场布设地笼网 10 个，共采捕鱼类 404 尾，重量为 40.562 kg，渔获物组成有雷氏七鳃鳗、黑龙江鳑鲏、真鱥、洛氏鱥、鲶、黑龙江花鳅、北方须鳅、马口鱼、葛氏鲈塘鳢和褐吻虾虎鱼等，其中

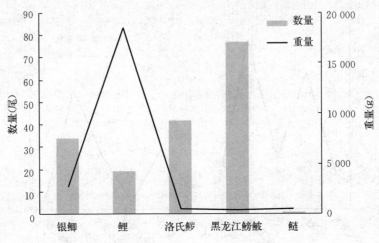

图 4-3 图们江干流下游沙坨子段刺网渔获物组成

黑龙江鳑鲏采集的数量最高，马口鱼采集的重量最高。具体渔获物组成如图 4-4 所示。

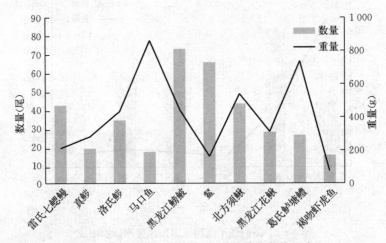

图 4-4 图们江干流沙坨子段地笼渔获物组成

4. 珲春河口段

珲春河口断面现场布设刺网 10 次，共计采捕鱼类 189 尾，重量为 24.418 kg，渔获物主要有鲤、洛氏鳄、黑龙江鳑鲏、银鲫等，其中黑龙江鳑鲏采集的数量最高，鲤采集的重量最高。渔获物组成如图 4-5 所示。

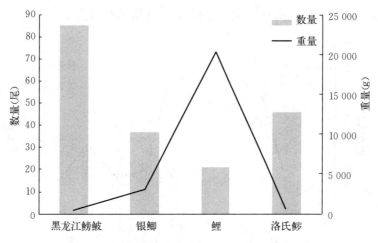

图 4-5　图们江干流珲春河口段地笼渔获物组成

二、红旗河

红旗河百里村现场布设地笼网 10 个，渔获物组成有雷氏七鳃鳗、黑龙江花鳅、黑龙江鳑鲏、大鳍鱊、洛氏鱥、北方须鳅、北鳅、真鱥、东北七鳃鳗和杂色杜父鱼等，其中黑龙江鳑鲏采集的数量最多，北方须鳅重量最高（图 4-6）。

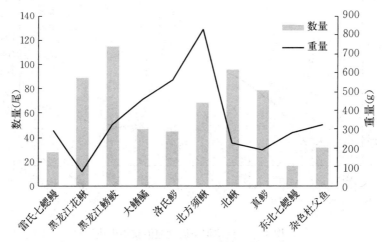

图 4-6　红旗河百里村地笼渔获物组成

红旗河下游现场布设刺网 15 次，渔获物主要有雷氏七鳃鳗、黑龙江花鳅、黑龙江鳑鲏、大鳍鱊、洛氏鱥、北方须鳅、北鳅、真鱥、大头鮈和麦穗鱼。刺网采捕的渔获物共计 748 尾。具体渔获物组成如图 4-7 所示。

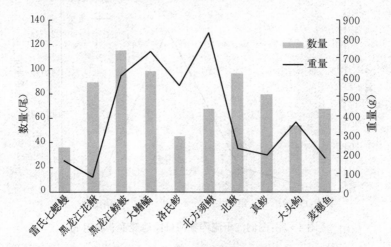

图 4-7　红旗河下游刺网渔获物组成

红旗河下游现场布设地笼网 10 个，渔获物组成有雷氏七鳃鳗、黑龙江花鳅、黑龙江鳑鲏、大鳍鱊、洛氏鲹、北方须鳅、北鳅、真鲹、东北七鳃鳗和杂色杜父鱼等，其中黑龙江鳑鲏数量最高，北方须鳅重量最高（图 4-8）。

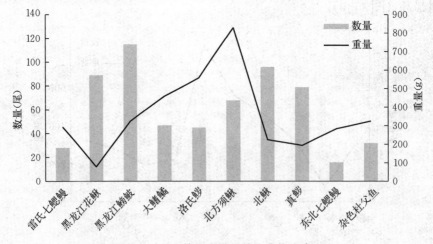

图 4-8　红旗河下游地笼渔获物组成

三、海兰河

海兰河东段现场布设地笼网 5 个，共采捕鱼类 257 尾，重量为 2.202 kg，渔获物组成有雷氏七鳃鳗、洛氏鳑、湖鲅、黑龙江鳑鲏、银鲫、麦穗鱼、棒花鱼、黑龙江花鳅、葛氏鲈塘鳢、褐吻虾虎鱼、北鳅等，其中黑龙江鳑鲏数量最多，棒花鱼重量最高（图4-9）。

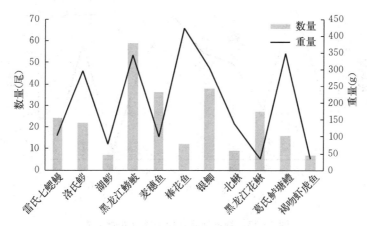

图4-9 海兰河东段地笼渔获物组成

海兰河支流蜂蜜河卧龙段现场布设地笼网5个，共采捕鱼类76尾，重量为1.05 kg，渔获物组成有雷氏七鳃鳗、洛氏鳑、麦穗鱼、棒花鱼、黑龙江花鳅、葛氏鲈塘鳢、褐吻虾虎鱼等，其中麦穗鱼数量最高，棒花鱼重量最高（图4-10）。

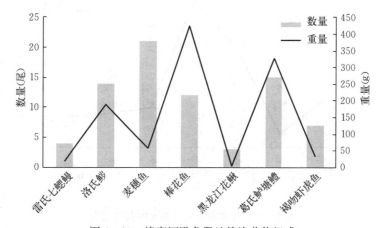

图4-10 蜂蜜河卧龙段地笼渔获物组成

海兰河支流蜂蜜河官地段现场布设地笼网6个，共采捕鱼类224尾，重量为1.825 kg，渔获物组成有东北七鳃鳗、洛氏鳑、真鳑、鳘、黑龙江鳑鲏、银鲫、棒花鱼、黑龙江花鳅、葛氏鲈塘鳢、褐吻虾虎鱼等，其中黑龙江鳑鲏数量最高，洛氏鱲重量最高。具体渔获物组成如图4-11所示。

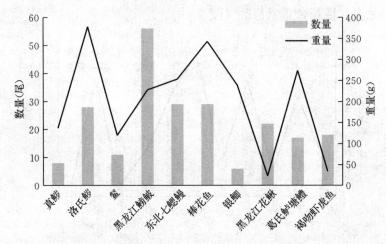

图4-11　蜂蜜河官地段地笼渔获物组成

海兰河支流蜂蜜河王集坪现场布设地笼网10个，渔获物组成有东北七鳃鳗、黑龙江花鳅、洛氏鱲、北方须鳅、北鳅、真鳑和麦穗鱼等，其中黑龙江花鳅数量最高，北方须鳅重量最高。具体渔获物组成见图4-12。

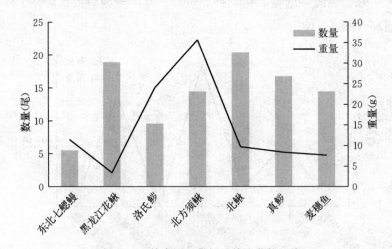

图4-12　蜂蜜河王集坪地笼渔获物组成

四、嘎呀河

嘎呀河天桥岭段现场布设地笼网6个，共采捕鱼类259尾，重量为

1.944 kg，渔获物组成有洛氏鱥、真鳑、鳌、黑龙江鳑鲏、鲫、麦穗鱼、棒花鱼、黑龙江花鳅、葛氏鲈塘鳢、褐吻虾虎鱼、大鳍鱊等，其中鳌数量最多，洛氏鱥重量最高（图 4-13）。

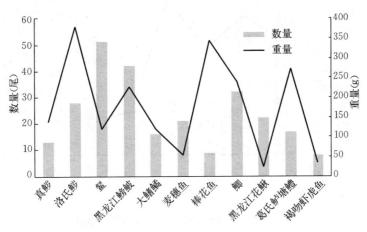

图 4-13　嘎呀河天桥岭段地笼渔获物组成

五、密江河

密江河三安村段现场布设地笼网 10 个，渔获物组成有北方须鳅、黑龙江花鳅、黑龙江鳑鲏、真鳑、雷氏七鳃鳗、杂色杜父鱼和洛氏鱥等，其中真鳑数量最多，北方须鳅重量最高，具体渔获物组成如图 4-14 所示。

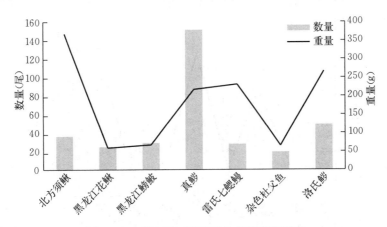

图 4-14　密江河三安村段地笼渔获物组成

密江河下洼村段现场布设地笼网 10 个，渔获物组成有黑龙江花鳅、黑龙江鳑鲏、棒花鱼、洛氏鲅、北方须鳅、北鳅、真鲅和麦穗鱼等，其中黑龙江鳑鲏数量最多，北方须鳅重量最高，具体渔获物组成如图4-15所示。

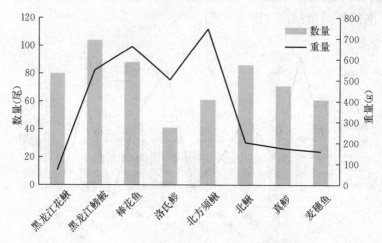

图4-15　密江河下洼村段地笼渔获物组成

六、珲春河

珲春河三道沟林场段现场布设地笼网5个，共采捕鱼类226尾，重量为2.016 kg，渔获物组成有雷氏七鳃鳗、真鲅、北方须鳅、大鳍鲬、麦穗鱼、棒花鱼、黑龙江花鳅、洛氏鲅、杂色杜父鱼等，其中大鳍鲬数量最多，棒花鱼重量最高。具体渔获物组成如图4-16所示。

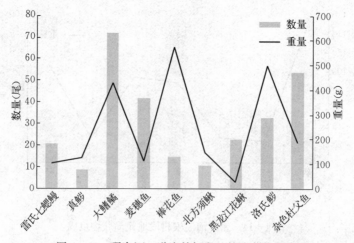

图4-16　珲春河三道沟林场段地笼渔获物组成

　　珲春河杨泡段现场布设地笼网 12 个，共采捕鱼类 182 尾，重量为
2.188 kg，渔获物组成有真鲹、北方须鳅、麦穗鱼、棒花鱼、黑龙江花
鳅、洛氏鲹、北鳅等，北鳅数量最多，棒花鱼重量最高。具体渔获物组成
如图 4－17 所示。

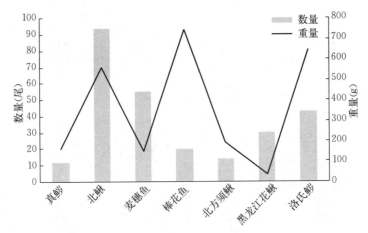

图 4－17　珲春河杨泡段地笼渔获物组成

　　珲春大桥段现场布设地笼网 8 个，共采捕鱼类 394 尾，重量为 2.706 kg，
渔获物组成有湖鲹、鳘、真鲹、麦穗鱼、棒花鱼、黑龙江鳑鲏、黑龙江花
鳅、葛氏鲈塘鳢等，其中鳘数量最多，棒花鱼重量最高（图 4－18）。

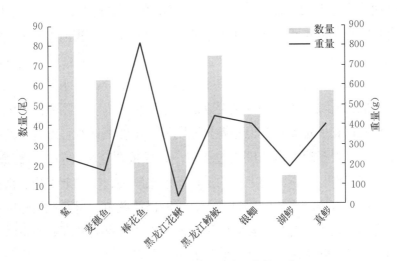

图 4－18　珲春大桥段地笼渔获物组成

　　珲春河兰家趟子段现场布设地笼网5个，共采捕鱼类390尾，重量为2.624 kg，渔获物组成有雷氏七鳃鳗、洛氏鲹、鳌、大鳍鱊、麦穗鱼、棒花鱼、黑龙江鳑鲏、黑龙江花鳅、银鲫等，其中鳌数量最多，棒花鱼重量最高（图4-19）。

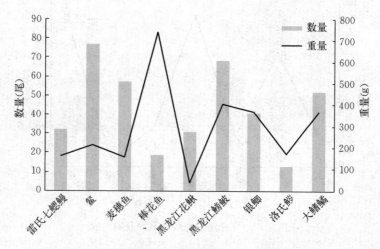

图4-19　珲春河兰家趟子段地笼渔获物组成

七、小结

　　从现状调查来看，细鳞鲑、马苏大麻哈鱼（陆封型）、东北七鳃鳗、雷氏七鳃鳗等国家重点保护水生野生物种主要分布于红旗河上游及主要支流；东北七鳃鳗、雷氏七鳃鳗、杂色杜父鱼在珲春河、密江河和蜂蜜河也有分布；真鲹、北方须鳅等小型冷水性鱼类，主要分布于水质清洁的支流上游。图们江流域鱼类优势种主要以底层小型鱼类为主，图们江干流不同断面优势种存在一定差异，但是差异不明显，主要跟调查强度有关，受客观因素影响，很多断面调查网具过于单一，导致调查种类较少。红旗河、海兰河、密江河、珲春河的上游均是以东北七鳃鳗、雷氏七鳃鳗、杂色杜父鱼、真鲹等喜清洁水质的物种为主，下游以棒花鱼、黑龙江鳑鲏等广温性鱼类为主。人类干扰相对较强的海兰河下游、嘎呀河和珲春河下游主要以麦穗鱼、鳌、棒花鱼等常见小型鱼类为主（表4-9）。

　　总体来看，图们江饵料生物相对匮乏，滤食性鱼类种类较少，鱼类食性以杂食性和底栖动物食性为主。图们江支流及上游底质为石砾和鹅卵石，水生昆虫生物量较高，鱼类食性以肉食性和底栖动物食性为主。图们江水生维管植物无论种类和数量都相对较少，因此食水生维管植物食性鱼类较少，这反映了图们江水体初级生产力较低，总体属于贫营养型的特点，经济鱼类资源量较低。目前，仅在图们江下游有少数渔民从事渔业生产。

表 4 - 9　图们江流域鱼类优势种

水域		鱼类优势种
图们江干流	崇善段	洛氏鲅、鳌、黑龙江鳑鲏、葛氏鲈塘鳢
	密江口段	鲫、北方须鳅、棒花鱼
	沙坨子段	鲤、洛氏鲅、黑龙江鳑鲏
	珲春河口段	鲤、黑龙江鳑鲏
红旗河	上游	真鲅、雷氏七鳃鳗、东北七鳃鳗
	下游	大鳍鱊、北方须鳅、银鲫
海兰河	海兰河	黑龙江鳑鲏、棒花鱼、银鲫
	蜂蜜河	洛氏鲅、真鲅、棒花鱼
嘎呀河		麦穗鱼、鳌、棒花鱼
密江河	上游	真鲅、杂色杜父鱼、雷氏七鳃鳗
	下游	棒花鱼、北方须鳅
珲春河	上游	真鲅、杂色杜父鱼、北方须鳅、大鳍鱊、洛氏鲅
	中游	真鲅、麦穗鱼、棒花鱼
	下游	鳌、棒花鱼、黑龙江鳑鲏、大鳍鱊

第三节　鱼类"三场一通道"

一、鱼类分布

(一)鱼类分布现状

20 世纪 40 年代以前，图们江大麻哈鱼、马苏大麻哈鱼、驼背大麻哈鱼、三块鱼、珠星三块鱼可上溯中国侧的上游支流红旗河及中游的布尔哈通河和嘎呀河产卵繁殖。细鳞鲑、花羔红点鲑等珍稀冷水性鱼类广泛分布于图们江各支流（珲春市地方志编纂委员会，2009；吉林省水产科学研究所，1985）。白金水电站建成后，洄游性鱼类无法上溯至图们江上游。董崇志等（2000）调查发现，20 世纪 80 年代以后，这些洄游性鱼类的产卵场主要分布在珲春河支流西北沟、四道沟、三道沟及密江河。细鳞鲑、花羔红点鲑、马苏大麻哈鱼（陆封型）等珍稀冷水性鱼类适宜生境大大萎缩，仅分布于红旗河、密江河、珲春河等人类干扰较少的水域。大麻哈鱼、马苏大麻哈鱼和三块鱼仅能上溯至密江河下游、珲春河下游。

1. 图们江白金水电站上游河段鱼类分布

图们江白金水电站上游及支流红旗河河段人口稀少，自然环境优越，河流基本维持自然状况。细鳞鲑、花羔红点鲑和马苏大麻哈鱼（陆封型）等珍稀冷水性鱼类主要产沉性卵，小型冷水性鱼类如杂色杜父鱼、真鲹等主要产沉黏性卵，图们江白金水电站上游、红旗河及柳洞河河段具有完成这些鱼类生活史的条件，能够维持一定的种群。从图们江的环境条件来看，历史上图们江中上游及主要支流都是细鳞鲑、花羔红点鲑和马苏大麻哈鱼（陆封型）等珍稀冷水性鱼类分布的水域，随着人类活动的加剧，珍稀冷水性鱼类分布向河源区退缩的趋势明显，据董崇智（2000）调查，白金水电站的建设进一步加剧了珍稀冷水性鱼类向河源区分布退缩的趋势。白金水电站建成后，阻隔了鱼类的上溯，而产黏沉性卵的北方平原鱼类，受大坝阻隔影响后上溯补充资源减少。

2. 图们江南坪镇河段下游鱼类分布

图们江左侧支流城川江流域是铁矿主要产地，茂山铁矿始建于 20 世纪 30 年代，洗矿水未经处理直接排放到河道，导致下游江水浑浊，造成了严重的水环境污染，严重破坏了鱼类"三场"，十几千米河段基本成为无鱼区。近年来，该江段生态环境有所改善，鱼类种类逐渐增加。

3. 布尔哈通河鱼类分布

20 世纪 40 年代前，布尔哈通河和嘎呀河分布有大麻哈鱼、马苏大麻哈鱼和三块鱼等洄游性鱼类的产卵场，鱼类资源尤其是小型经济鱼类资源量非常丰富。20 世纪 80 年代以后，由于人类干扰的加强，鱼类栖息生境发生变化，一些水域产卵生境被破坏。目前，嘎呀河已无洄游性和珍稀冷水性鱼类分布，其干流上游河道主要种类为黑龙江鳑鲏、大鳍鳊、黑龙江花鳅和麦穗鱼等小型低值性鱼类，干流下游河道优势种主要有鳘、鲤、黑龙江鳑鲏、麦穗鱼和银鲫等鱼类。真鲚、杂色杜父鱼、北方须鳅等冷水性鱼类主要分布于河源区域。总体来看，鱼类资源量下降明显。

4. 珲春河鱼类分布

历史上珲春河中下游分布有大麻哈鱼、马苏大麻哈鱼和三块鱼等洄游性鱼类的产卵场，上游分布着细鳞鲑和花羔红点鲑等珍稀冷水性鱼类的产卵场。据统计，目前珲春河流域建有东兴等 2 座水库，哈达门等 5 座电站，新华等 4 座排水闸。这些拦河工程不同程度地阻隔了鱼类的洄游，破坏了一些鱼类的栖息地，洄游性鱼类上溯群体数量不高。目前，细鳞鲑和花羔红点鲑等珍稀冷水性鱼类仅分布于珲春河河源水域，三块鱼和珠星三块鱼集中在珲春河下游产卵繁殖。

5. 密江河鱼类分布

密江河基本维持自然状况，与董崇智（2000）调查结果相比，现状调查鱼类种类没有变化，其上游分布有细鳞鲑、花羔红点鲑、马苏大麻哈鱼（陆封型）等珍稀冷水性鱼类的产卵场，下游分布有日本七鳃鳗、三块鱼、珠星三块鱼、大麻哈鱼和马苏大麻哈鱼等洄游性鱼类的产卵场。

图们江不同河段、支流鱼类分布见表 4-10。

表 4-10　图们江不同河段、支流鱼类分布

种类	1	2	3	4	5	6	7	8	9	10	11	12
日本七鳃鳗											+	+
东北七鳃鳗	(+)	(+)	(+)									
雷氏七鳃鳗	+	+	+	+	+	+	+	+	+	+	+	(+)
大麻哈鱼											+	
马苏大麻哈鱼											+	
马苏大麻哈鱼（陆封型）	+									(+)	(+)	
驼背大麻哈鱼												
花羔红点鲑	+									(+)	(+)	
白斑红点鲑												
细鳞鲑	+									(+)	(+)	(+)

（续）

种类	1	2	3	4	5	6	7	8	9	10	11	12
胡瓜鱼											+	
真鲹	+	+	+	+			+	+	+	+	+	
图们鲹									(+)	(+)	(+)	(+)
洛氏鲹	+	+	+	+	+	+	+	+	+	+	+	(+)
尖头鲹									(+)	(+)	(+)	(+)
湖鲹	+	+	+	+			+	+	+	+	+	+
图们雅罗鱼											(+)	(+)
珠星三块鱼	+									+	+	+
三块鱼	+									+	+	+
马口鱼	+	+	+	+			+		+			
银鮈	+	+					+					
鳌	+	+	+	+	+	+	+	+	+	+	+	+
黑龙江鳑鲏	+	+	+	+	+	+	+	+	+	+	+	+
大鳍鱊	+	+	+	+	+	+	+	+	+	+	+	+
麦穗鱼	+	+	+	+	+	+	+	+	+	+	+	+
图们中鮈	(+)	(+)	(+)	(+)					(+)	(+)	(+)	(+)
大头鮈	(+)	(+)	(+)	(+)					(+)	(+)		
棒花鱼	+	+	+	+	+	+	+	+	+	+	+	+
鲤	+	+	+	+	+	+	+	+	+	+	+	+
鲫	+	+	+	+	+	+	+	+	+	+	+	+
鳙	−					−					−	−
鲢	−					−					−	−
草鱼						−					−	
青鱼						−						
北鳅	+	+	(+)	(+)					+	+	+	
北方须鳅	+	+	+	+				+	+	+	+	
黑龙江花鳅	+	+	+	+	+	+	+	+	+	+	+	+
九棘刺鱼											+	+
黄颡鱼											+	+
杂色杜父鱼	+	(+)								+		
克氏杜父鱼	(+)	(+)								+		

（续）

种类	1	2	3	4	5	6	7	8	9	10	11	12
图们江杜父鱼	（+）	（+）								（+）	（+）	
鳊												（+）
鲅												（+）
黄带克丽虾虎鱼												+
褐吻虾虎鱼	+	+	+	+	+	+	+	+	+	+	+	（+）
暗缟虾虎鱼												（+）
葛氏鲈塘鳢	+	+	+	+	+	+	+	+	+	+	+	（+）
宽突鳕												（+）
暗纹东方鲀												（+）

注：1. 白金电站上游河段（包括红旗河），2. 蜂蜜河，3. 海兰河，4. 布尔哈通河安图以上河段，5. 布尔哈通河安图以下河段，6. 图们江干流白金电站至图们市段，7. 嘎呀河汪清县以下河段，8. 嘎呀河汪清县以上河段，9. 图们市至密江河口段（包括石头河），10. 珲春河老龙口水利枢纽坝址以上河段，11. 密江至珲春河口段，12. 老龙口水利枢纽坝址以下河段。"+"表示现状调查采集土著鱼类，"（+）"表示调查走访鱼类，"-"表示现状调查采集外来鱼类。

（二）鱼类分布特征

图们江流域鱼类时空分布比较明显。春季水温较低，一些冷水性鱼类如细鳞鲑、花羔红点鲑、杂色杜父鱼等，栖息水温一般不超过 18 ℃，主要在图们江干流上游、红旗河、密江河、珲春河上游及主要支流索饵，鱼类繁殖期主要上溯到上游或主要支流产卵［花羔红点鲑、马苏大麻哈鱼（陆封型）在秋季繁殖］。冬季在红旗河下游、图们江干流白金电站上游、珲春河老龙口水库、图们江干流密江河口下游越冬；而水温较高的夏季，冷水性鱼类主要在水温较低的上游和主要支流栖息；深秋季逐渐到干流或支流深水区越冬。鲤、鲫分布范围广，全流域皆有分布。鳘鲅、麦穗鱼等偏温水性鱼类常年栖息于干流或水温相对较适宜的支流下游，深秋季节逐渐到干流或支流下游深水区越冬。细鳞鲑在春季（4—5 月）上溯至红旗河支流大马鹿河、珲春河支流太平沟及三道沟、四道沟、密江河上游大荒沟到西北沟沟口处河段及其支流北沟河和杨木桥子沟河产卵繁殖；冬季（11 月）大个体从支流到图们江干流或红旗河、珲春河干流越冬。珠星三块鱼、三块鱼在春季（4—5 月）上溯至密江河和珲春河下游产卵繁殖，繁殖后绝大多数亲本死亡；大麻哈鱼、马苏大麻哈鱼等鱼类在秋季（9—

10 月）上溯至密江河和珲春河下游产卵繁殖，大麻哈鱼繁殖后绝大多数亲本死亡；日本七鳃鳗在深秋季（10—11 月）上溯至密江河和珲春河下游，翌年 5—6 月产卵繁殖，冬季主要在密江河口下游图们江干流越冬，表现出明显的时空分布特点。

二、"三场一通道"

洄游性鱼类产卵场生境需求详见表 4-11。

表 4-11 洄游性鱼类产卵场生境需求

种类	产卵场生境需求
大麻哈鱼	产卵水域水质澄清，水流较急，水温 5~7 ℃，底质为石砾，水深 1 m 左右，如有涌泉的河滩
日本七鳃鳗	成体营海水中生活，秋冬季溯河，越冬后次年 5—6 月，当水温达 13~16 ℃时，于河流沙砾底质处产卵繁殖，产卵水域水浅流急，卵黏着在沙砾上，亲体产卵后死亡
三块鱼	产卵水域水深 0.5 m 左右，繁殖期流速 1~1.4 m/s，底质主要为石砾，产卵水温 17~21 ℃

国家重点保护和珍稀冷水性鱼类产卵场生境需求如表 4-12 所示。

表 4-12 国家重点保护和珍稀冷水性鱼类产卵场生境需求

种类	产卵场生境需求
细鳞鲑	一般水深 50~80 cm，水质清澈、水流较急且底质为沙砾或卵石的水域，繁殖期流速 1.5~2.0 m/s；水中有机营养源丰富，三氮含量充分，总磷含量适宜，金属元素较低；沿岸土壤、植被状况良好，水边主要为柳灌丛，对细鳞鲑能起到掩蔽遮阴作用。产卵期为 4 中旬至 5 月中上旬，产卵水温为 5~8 ℃，溶解氧>7 mg/L
花羔红点鲑	一般水深 50~80 cm，水质清澈、水流较急且底质为沙砾或砾石，繁殖期流速 1.2~1.8 m/s；沿岸土壤、植被状况良好。产卵期为 10—11 月，产卵水温为 5~8 ℃，溶解氧>7 mg/L
马苏大麻哈鱼（含陆封型）	产卵区域一般水深 50~80 cm，水质清澈、水流较急且底质为沙砾或砾石，繁殖期流速 1.2~1.8 m/s；沿岸土壤、植被状况良好。产卵期为 10—11 月，产卵水温为 5~8 ℃，溶解氧>7 mg/L

（续）

种类	产卵场生境需求
东北七鳃鳗	每年5—6月，当水温达13～16℃时，于河流沙砾底质处产卵繁殖，产卵水域水浅，卵黏附于沙砾上
雷氏七鳃鳗	喜栖于有缓流、沙质底质的溪流中，产卵期5月末至7月，产卵后部分亲体死亡

1. 产卵场分布

图们江主要洄游鱼类的洄游期及产卵场位置见表4-13。

表4-13　图们江主要鱼类洄游期及产卵场位置

种类	鱼类主要洄游期	主要产卵场位置
日本七鳃鳗	10月下旬至12月中旬	珲春下游、密江河口等图们江下游水域
大麻哈鱼	9月上旬至10月末	密江河下游大荒沟村至密江河口段
马苏大麻哈鱼	9月上旬至10月末	密江河下游大荒沟村至密江河口段
马苏大麻哈鱼（陆封型）	—	红旗河支流大马鹿河、珲春河支流太平沟及三道沟、密江河上游大荒沟到西北沟沟口处河段及其支流北沟河和杨木桥子沟河
花羔红点鲑	9月上旬至10月末	红旗河支流大马鹿河、珲春河支流太平沟及三道沟、密江河上游大荒沟到西北沟沟口处河段及其支流北沟河和杨木桥子沟河
细鳞鲑	4月中旬至5月中旬	红旗河支流大马鹿河、珲春河支流太平沟及三道沟、密江河上游大荒沟到西北沟沟口处河段及其支流北沟河和杨木桥子沟河
三块鱼	4—6月	密江河下游大荒沟村至密江河口段、珲春下游河段
珠星三块鱼	4—6月	密江河下游大荒沟村至密江河口段、珲春下游河段

图们江流域鱼类产卵类型包括沉黏性卵和黏性卵。产卵场主要产卵鱼类、产卵要求及分布详见表4-14。

（1）沉黏性卵珍稀冷水性鱼类（珍稀冷水性鱼类产卵类型多数为沉黏

表 4-14　主要鱼类产卵场分布及产卵场生境需求

产卵场类型	产卵鱼类种类	产卵场生境需求	产卵场分布
沉黏性产卵场	杜父鱼等	水质优良,水温低、流急、水浅,河底均为鹅卵石和石砾	红旗河、密江河及珲春河中上游及主要支流
黏性产卵场	鲤、鲫和鲇等	产卵场要求低、不集中,静水浅滩、水草丰茂处、沙泥底,主要支流的河湾、河汊均有分布	布尔哈通河下游、嘎呀河
	鲹属、棒花鱼、鳈属、鮈属、鳅科、黄黝鱼、虾虎鱼等	水温要求较高,缓流水浅滩处、沙砾石、沙石底质	图们江干流及布尔哈通河下游、嘎呀河等主要支流水深较浅的河道

性)主要有日本七鳃鳗、花羔红点鲑、细鳞鲑等鱼类　产卵场生境需求:水质优良,水温低、流急、水浅,河底均为鹅卵石和石砾;产卵水域主要分布于红旗河、密江河及珲春河中上游及主要支流。

(2)产黏性卵鱼类主要有鲤、鲫和鲇等鱼类　产卵场生境需求:产卵场要求低、不集中,静水浅滩、水草丰茂处、沙泥底,主要支流的河湾、河汊均有分布;产卵场集中分布于布尔哈通河下游、嘎呀河干流及主要支流的河湾、河汊等水生维管束植物分布广、数量多的水域。流水产黏性卵鱼类主要有鲹属、棒花鱼、鳈属、鮈属、鳅科、虾虎鱼等。产卵场生境需求:对产卵水温要求较高,但对产卵场生境要求不高,缓流水浅滩处、沙砾石、沙石底质;产卵场分布于图们江干流及布尔哈通河下游、嘎呀河等主要支流水深较浅的河道。

2. 索饵场分布

红旗河、珲春河上游和密江河底栖动物,尤其是水生昆虫,种类数量极为丰富,因此为冷水性鱼类提供了充足的饵料。冷水性鱼类的育肥场多分布在中、上游及支流,水深较浅的沿岸带及水流较缓的河湾处水温较高、透明度较高,水生昆虫富集在浅水区。因此,在几条主要干流支流的中下游河段,就形成了冷水性鱼类的主要索饵场。温水性鱼,如鲤、鲫等育肥场多分布在水温较高、光合作用剧烈、水生生物生物量高、水生植物较多的下游水域。

3. 越冬场分布

图们江地处寒冷、高纬度地区，冰封期长达 150～180 d，对于生存在此水域的鱼类越冬是至关重要的，尤其对需氧量高、喜流水的珍稀冷水性鱼类显得更为重要。作为鱼类大型集中越冬场应当水深大于 3 m，有一定的水流，面积较大，是水质优良的水域。从图们江鱼类组成来看，大部分珍稀鱼类属于冷水性鱼类，对越冬场要求较高，根据调查及资料记载，图们江鱼类的越冬场主要集中在干流及支流中下游的深汀及水库库尾。

4. 洄游通道

鱼类洄游分为繁殖洄游、索饵洄游、越冬洄游等。目前，密江、密江河口以下河段、珲春河下游是大麻哈鱼、马苏大麻哈鱼、驼背大麻哈鱼等海淡水洄游性鱼类的洄游通道。图们江干流白金电站以上干流与红旗河、密江河干流与上游支流之间，珲春河老龙口水利枢纽上游与三道沟、太平沟等主要支流间，为细鳞鲑、花羔红点鲑、雷氏七鳃鳗等珍稀冷水性鱼类（索饵、越冬、产卵）的洄游通道。因此，将洄游性鱼类及珍稀冷水性"三场"和洄游通道划为图们江流域优先保护区域，见表 4-15。

表 4-15 优先保护区域与主要保护对象的洄游通道

河段	位置	类型
上游	白金电站以上河段及支流红旗河	细鳞鲑、花羔红点鲑、雷氏七鳃鳗、东北七鳃鳗、马苏大麻哈鱼（陆封型）等珍稀冷水性鱼类产卵场、索饵场和洄游通道
干流下游	密江河口以下	三块鱼、珠星三块鱼、大麻哈鱼产卵场，雷氏七鳃鳗的产卵场、索饵场和洄游通道
密江河	密江河上游大荒沟到西北沟沟口处河段及其支流北沟河和杨木桥子沟河	细鳞鲑、花羔红点鲑、雷氏七鳃鳗、东北七鳃鳗、马苏大麻哈鱼（陆封型）等珍稀冷水性鱼类产卵场、索饵场和洄游通道
	密江河下游大荒沟村至密江河口段	三块鱼、珠星三块鱼、大麻哈鱼产卵场，雷氏七鳃鳗的产卵场、索饵场

（续）

河段	位置	类型
珲春河	老龙口水利枢纽以下河段	细鳞鲑、花羔红点鲑、雷氏七鳃鳗、东北七鳃鳗、马苏大麻哈鱼（陆封型）等珍稀冷水性鱼类产卵场、索饵场和洄游通道
	三道沟、太平沟等支流	三块鱼、珠星三块鱼、大麻哈鱼产卵场，雷氏七鳃鳗的产卵场、索饵场

◇◇ 参考文献

陈春山，张黎，杨华莲，等，2016. 马苏大麻哈鱼人工繁殖技术［J］. 中国水产（3）：113-114.

陈春山，申慧卿，常保全，等，2016. 陆封型马苏大麻哈鱼人工繁殖关键技术［J］. 中国水产（11）：113-114.

陈春山，郑伟，申慧卿，等，2017. 不同地区陆封型马苏大麻哈鱼人工养殖效果比较［J］. 水产科技情报，44（2）：96-98，102.

陈毅峰，何舜平，何长才，1993. 中国淡水鱼类原色图集［M］. 上海：上海科学技术出版社.

董崇智，2000. 中国淡水冷水性鱼类［M］. 哈尔滨：黑龙江科学技术出版社.

珲春市地方志编纂委员会，2009. 珲春市志（1988—2005）［M］. 长春：吉林人民出版社.

李思忠，1981. 中国淡水鱼类的分布区划［M］. 北京：科学出版社.

乐佩琦，陈宜瑜，1998. 中国濒危动物红皮书·鱼类［M］. 北京：科学出版社.

解玉浩，2007. 东北地区淡水鱼类［M］. 沈阳：辽宁科学技术出版社.

张觉民，1995. 黑龙江省鱼类志［M］. 哈尔滨：黑龙江科学技术出版社.

第五章

洄游性鱼类资源现状
——以大麻哈鱼为例

第一节 图们江洄游性鱼类

一、三块鱼

1. 别名

滩头鱼、远东雅罗鱼。

2. 形态特征

鱼体为纺锤形，稍侧扁，腹部浑圆。头较长，前端较尖细，略呈扁圆锥形。口亚下位，吻皮突出于上颌之前，口呈弧形，前缘略圆。上颌末端达到鼻孔与眼睛之间的位置。眼中等大小，位于头的前侧上方。眼间距较宽。鳞较小，圆鳞，边缘附有刺突。侧线完全，在体前半弯向腹部，向后延至尾鳍正中。胸、腹部鳞片较其他部位的鳞片小。下咽齿左右不对称，外侧1行侧扁，末端弯曲略呈钩形，鳃耙短，末端较尖。背鳍起点至吻端距离等于至尾鳍距离，胸鳍及腹鳍末端圆形。腹鳍起点在背鳍起点上方。腹鳍至胸鳍距离大于至臀鳍距离。背部褐色，体侧银白色，幼鱼背部颜色稍深。性成熟个体副性征明显，色彩鲜艳，体侧有两条橘红色彩纹带，唇部橘红色，背鳍和尾鳍暗红色。

3. 生活习性

三块鱼是冷水性唯一在海水中生活的溯河性鲤科鱼类。通常为体长250 mm 的中小型鱼类。性成熟较早，雄鱼2龄时性成熟，雌鱼3龄时性成熟，产卵时结成大群游到水深仅半米的岸边滩头，产卵时雄鱼追逐雌鱼翻腾窜跃，浪花四溅，往往长达百米，产黏性卵，卵大，卵径 2.5～2.8 mm，受精卵膨胀后达 3.6～4.0 mm，呈橘红色。卵黏附于河底石砾上，水温在 16 ℃时，经 6 d 孵化，初孵仔鱼体长 7～8 mm。平均怀卵量约为 3 万粒。三块鱼在海中生活时的食饵为底栖无脊椎动物。在河流下游的食性十分复杂，食谱中有底栖寡毛类、虾蟹、田螺、摇蚊幼虫和蜉蝣、轮虫、枝角类以及金藻、甲藻和硅藻等。以季节而论，夏季以动物性食饵为主，而秋冬以植物性食饵为主。

4. 分布

绥芬河、图们江。

5. 人工繁育

目前人工繁殖已成功。

二、大麻哈鱼

1. 形态特征

体侧扁，略似纺锤形；头后至背鳍基部前渐次隆起，背鳍起点是身体的最高点，从此向尾部渐低弯。头侧扁，吻端突出，微弯。口裂大，形似鸟喙，生殖期雄鱼尤为显著，相向弯曲如钳状，使上下颌不相吻合。上颌骨明显，游离，后端延至眼的后缘。上下颌各有 1 列利齿，齿形尖锐向内弯斜，除下颌前端 4 对齿较大外，余齿皆细小。眼小，鳞也细小，作覆瓦状排列。脂鳍小，位置很后。尾鳍深叉形。生活在海洋时体色银白，入河洄游不久色彩则变得非常鲜艳，背部和体侧先变为黄绿色，逐渐变暗，呈青黑色，腹部银白色。体侧有 8～12 条橙赤色的婚姻色横斑条纹，雌鱼较浓，雄鱼条斑较大，吻端、颌部、鳃盖和腹部为青黑色或暗苍色，臀鳍、腹鳍为灰白色，到了产卵场时体色更加暗黑。

2. 生活习性

大麻哈鱼又叫鲑，为冷水性溯河产卵洄游鱼类，具有"河里生、海里长、河里死"的生物学特性，终生只繁殖一次，产卵量在 4 000 粒左右，卵径 7 mm。大麻哈鱼是凶猛的食肉鱼类，一般体重 1～5 kg，体长 50～80 cm。大麻哈鱼在海里生活 3～4 年之后，到夏秋季节性成熟时，成群结队地从外海游向近海，进入江河，涉途几千里*，溯河而上，回到出生地水域，入河后停止摄食，寻找细沙砾石底质河床为产卵场所。产卵后，经过长途跋涉精疲力竭的亲鱼，还要守护在卵床边，7～14 d 后死亡。100 d 以后，小鱼才从卵中孵出，第二年春天又顺流而下，游向大海。

3. 分布

大麻哈鱼分布在北太平洋的东、西两岸，在我国主要分布在黑龙江、乌苏里江、图们江、绥芬河等水域。

4. 人工繁育

目前人工繁殖已成功。

三、马苏大麻哈鱼（降海型）

1. 别名

七里信子，属鲑形目，鲑科，鲑亚科，大麻哈鱼属。

2. 形态特征

与马苏大麻哈鱼（陆封型）相同。

3. 生活习性

除降海型生长速度快于陆封型外，其余习性与陆封型相同。幼鱼通常在淡水中生活1年后降海洄游。

4. 分布

与陆封型相同。

5. 人工繁育

目前人工繁殖已成功。

四、日本七鳃鳗

1. 别名

七星子、八目鳗。

2. 形态特征

背部灰褐色，腹部灰白色，成鳗个体较大，这是与东北七鳃鳗的主要

---

* 里为非法定计量单位，1 里＝500 m。

区别。形态上可分为头、躯干和尾三部。头和躯干呈长圆形，尾部侧扁。体背部青灰色，侧部色较浅，腹部灰白色，头部深灰色，尾鳍及后背鳍边缘黑色，有些个体体侧有灰白色条纹。

体长平均 520 mm，为头长的 5.1 倍，为体高的 16.9 倍，为躯干长的 1.9 倍，为尾长的 3.5 倍，为背鳍前距的 2.1 倍，为前后背鳍间距的 26.8 倍，为前背鳍基底长的 7.2 倍，为后背鳍基底长的 4.4 倍。头长为眼间距的 5.6 倍，为口吸盘的 4.1 倍。

头部前端腹面有一圆形漏斗状口吸盘，其周缘有短穗状突起，口位于口吸盘深处中央。口下方有一肉质的小舌，口由舌的上、下运动而开闭。口吸盘内的上、下唇板和侧板以及舌上均有黄色角质齿。上唇板齿 2 枚，齿形最大，呈三角形，尖端向内倾斜，生于上唇板的两端，中间空缺无齿；下唇板齿 6～7 枚，齿形较上唇板齿为小，排成半弧形锯齿状，两端齿基部较宽大，并各有双齿尖。内侧唇齿每侧 3 枚，均为双齿尖，靠内侧的齿尖高且大。上唇齿排列无次序，大小不等，近内侧者较大；下唇齿小，排成半弧形。小舌前齿呈"山"字形，中央的一枚齿尖高大。

头部两侧有一对无眼睑的眼，有一层透明的膜覆盖在眼球上。每眼的后方各有 7 个圆形的鳃孔。单个鼻孔位于头背正中央，鼻孔后方皮下有一个松果眼。

全身无鳞，皮肤黏滑，侧线不发达。没有偶鳍，只有奇鳍，背鳍 2 个，前后背鳍分离。前背鳍较短，上缘呈圆弦形，后背鳍较长，略呈三角形。前背鳍起点约位于体的中央，后背鳍后缘基部与上尾鳍相连。后背鳍高为前背鳍高的 2.2 倍，为上尾鳍高的 2.5 倍。尾鳍呈箭状，下尾鳍前缘基部与狭而长的臀鳍相连。

雌体和雄体的不同在于雄体略小，平均体长为 511.50 mm，前后背鳍间距也较小。雄体头部长、宽、高的平均值较雌体分别小 3.75 mm、1.67 mm、1.47 mm，躯干部长、宽、高的平均值分别小 8.10 mm、2.20 mm、2.56 mm。

3. 生活习性

日本七鳃鳗为典型的洄游性种类，成体在海中生活，秋冬季大量集聚在图们江下游江段，每年 4 月下旬至 6 月初水温达 15 ℃左右时上溯至图们江干流和支流产卵。怀卵量为 11.3 万粒，卵很小，成熟卵直径 0.38～0.49 mm，亲鳗产卵后全部死亡。幼鳗在江河中停留 3～4 年，于泥沙中生活，第五年变态下海，在海中生活 2 年后溯江，产卵后死亡。幼体以藻类等为食，成鳗在海中营寄生生活。溯河洄游期在淡水中几乎不摄食。

4. 分布

日本七鳃鳗分布于黑龙江、图们江、绥芬河流域，也分布于俄罗斯远东地区及朝鲜北部。

5. 人工繁育

目前在实验室内人工繁殖已成功。

五、驼背大麻哈鱼

1. 别名

罗锅子。

2. 形态特征

背鳍 ⅲ-ⅳ-10～11，臀鳍 ⅲ-14～16，胸鳍 14～16，腹鳍 9～10。侧线鳞 146～214，鳃耙 28～31，幽门垂 105～210，椎骨 68。体长为体高 3.8～4.0 倍，为头长 4.0～4.7 倍。头长为吻长 3.3～4.3 倍，为眼径 7.6～8.5 倍，为眼间距 2.5～2.8 倍，为尾柄长 1.2～1.4 倍，为尾柄高 2.7～3.3 倍。背部及尾鳍有较大的黑斑，生殖季节雄性头后明显隆起呈佝偻状，这两点是从形态上区别于其他种大麻哈鱼的主要标志。

3. 生活习性

每年 6、7 月间在图们江支流密江河下游段出现。成鱼 2 年成熟。溯河初期，雄性少数有较明显的佝偻状，雌性生殖腺不发达，成熟系数仅为 2.1%～2.7%。卵径 1.2～1.8 mm。成熟期，成熟系数达 20%，卵径 5.8～6.1 mm，卵红橙色，怀卵量平均 1700 粒（1500～1900 粒）。幼鱼在江河中栖息时间比较短，于翌年 4、5 月间体长 30～40 mm 时开始降海。溯河群体年龄组成为 3～5 龄，其中 3 龄占 80%，体重平均 2 kg（1.4～2.9 kg）。产卵期自 8 月下旬开始至 9 月中旬。产卵场主要在密江河上游。1972—1973 年连续发现驼背大麻哈在西北沟产卵，产卵场底质沙砾，水质澄清，水深 0.4～1.1 m，流速 0.47～0.94 m/s，水温 6～13 ℃。

4. 分布

分布于黑龙江、图们江、绥芬河流域。

第二节 大麻哈鱼资源现状

一、年龄结构

（一）年龄组成

共采集大麻哈鱼样本 281 尾，其中雌性个体 203 尾，雄性个体 78 尾。雌性大麻哈鱼叉长范围 53.9～72.2 cm，平均叉长为（62.8±3.5）cm；体重范围为 1 601.6～4 021.5 g，平均体重为（2 609.0±504.4）g。雄性大麻哈鱼叉长范围 52.1～74.6 cm，平均叉长为（60.7±4.9）cm；体重范围为 1 571.1～5 203.2 g，平均体重为（2 460.9±693.8）g。雌性由 3、4、5、6 四个年龄组个体组成，其中 4 龄组最多占 60.10%；雄性由 3、4、5 三个年龄组个体组成，其中 3 龄组最多占 52.56%（表 5-1）。

表 5-1 大麻哈鱼样本年龄结构组成

雌性			雄性		
年龄	数量（尾）	百分比（%）	年龄	数量（尾）	百分比（%）
3	71	34.98	3	41	52.56
4	122	60.10	4	36	46.15
5	9	4.43	5	1	1.28
6	1	0.49			

（二）叉长生长

根据叉长（Fork length, FL）推算公式推算了大麻哈鱼在各年龄段的叉长（图 5-1），雌性大麻哈鱼在 1～5 龄时的叉长分别为（31.2±3.5）cm、（44.6±4.1）cm、（55.6±5.6）cm、（62.7±3.8）cm 和（66.6±2.2）cm；雄性大麻哈鱼在 1～4 龄时的叉长分别为（30.7±3.6）cm、（44.1±3.9）cm、

(55.4±5.0) cm 和 (62.7±4.4) cm (图 5-2)。

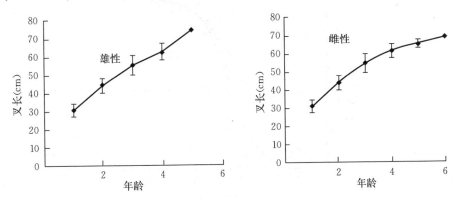

图 5-1 大麻哈鱼各年龄段时的推算叉长

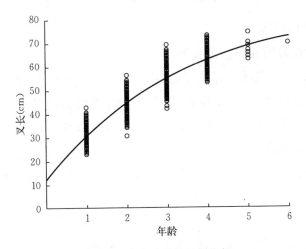

图 5-2 大麻哈鱼的叉长生长

根据统计分析结果，雌雄个体的叉长生长无显著差异。因此，雌雄个体合并后的图们江大麻哈鱼生长方程为：

$$L_t = 84.988 \cdot (1 - e^{-0.297 \cdot (t_i + 0.523)})$$

式中，t_i 为瞬时相对生长率。

二、繁殖生物学

(一) 性成熟叉长

图们江大麻哈鱼雌雄个体的初次性成熟平均体长分别为 46.0 cm 和 43.9 cm，经 F 检验，雌雄个体间 $FL_{50\%}$ 差异极显著，详见图 5-3。

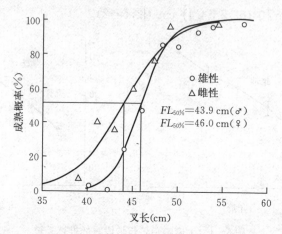

图 5-3　图们江大麻哈鱼雌雄个体的性成熟概率曲线及 $FL_{50\%}$

（二）个体繁殖力

1. 个体繁殖力和年龄的关系

调查期间共采集大麻哈鱼 749 尾，其中雄鱼 381 尾、雌鱼 368 尾，雌雄比例约为 0.97 : 1，说明繁殖洄游大麻哈鱼群体雌雄比例接近 1 : 1。此外，对 114 尾雌性样本的叉长（L）和体重（W）进行函数拟合，结果表明，叉长与体重之间为线性相关（图 5-4），体重随叉长的增加呈现上升的趋势，其线性函数方程为：$W=139.5L-6\,163$（$R^2=0.915$，$n=114$）。

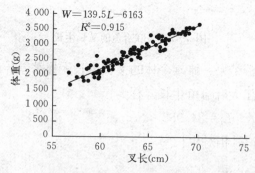

图 5-4　图们江大麻哈鱼雌性个体叉长和体重的关系

从表 5-2 可以看出，测定繁殖力的 114 尾雌性大麻哈鱼样本由 2^+ ～ 5^+ 龄 4 个龄组组成，其中以 3^+ 龄样本数量最多，53 尾，占总样本量的 46.49%；2^+ 龄和 4^+ 龄样本数量接近，分别为 27 尾和 29 尾，各占总样本

表5-2 图们江大麻哈鱼生物学指标和个体繁殖力特征

指标	龄组							
	2^+		3^+		4^+		5^+	
	范围	均值	范围	均值	范围	均值	范围	均值
叉长 (cm) F	56.8~61.6	59.44±1.38	58.3~68.8	62.80±2.07	63.2~69.3	67.06±1.53	67.5~70.2	69.08±1.01
体重 (g) W	1 685.8~2 593.7	2 155.50±213.63	1 807.4~3 357.8	2 589.88±348.77	2 493.6~3 544.7	3 190.91±254.28	3 354.7~3 660.6	3 522.34±113.65
净体重 (g) W_n	1 196.4~2 117.5	1 623.13±201.35	1 356.2~2 531.5	1 984.59±275.73	1 825.9~2 779.4	2 395.90±209.90	2 532.8~2 906.1	2 698.28±143.14
肝重 (g) W_1	29.8~44.2	37.65±4.03	23.3~69.9	41.15±8.53	29.9~63.4	49.96±8.35	47.5~50.3	48.68±1.20
卵巢重 (g) W_o	336.9~588.1	438.94±63.60	221.2~721.2	495.97±117.87	373.2~851.2	671.30±100.32	596.8~822.3	703.04±106.68
性成熟系数 (%) GSI	14.50~25.63	20.48±2.99	8.47~25.42	19.03±3.17	13.18~24.94	21.02±2.58	16.98~23.63	19.97±3.03
肝重系数 (%) LSI	1.52~2.00	1.75±0.13	0.99~2.42	1.59±0.25	1.07~2.02	1.56±0.23	1.34~1.47	1.38±0.06
肥满度 (g/cm³) K	0.887 6~1.219 0	1.025 3±0.08	0.866 7~1.187 0	1.039±0.06	0.949 9~1.142 5	1.056 8±0.05	1.012 4~1.131 5	1.069 0±0.04
绝对繁殖力 (粒) F	1 688.49~2 977.26	2 351.25±334.30	1 061.52~3 937.10	2 699.23±640.86	2 101.04~5 028.29	3 673.20±528.54	3 461.26~4 591.89	3 965.58±523.04
叉长相对繁殖力 (粒/cm) F_L	29.01~49.00	39.56±5.60	17.75~62.39	42.80±9.37	31.45~74.60	54.76±7.66	50.02~68.03	57.46±8.10
体重相对繁殖力 (粒/g) F_w	0.78~1.38	1.10±0.17	0.46~1.45	1.04±0.18	0.74~1.47	1.15±0.15	0.99~1.32	1.13±0.15
总繁殖力 (粒)	63 483.75		143 059.34		106 522.81		19 827.90	
贡献率 (%) Proportion	19.07		42.97		32.00		5.96	

量的 23.68％和 25.44％；5^+ 龄样本数量最少，仅 5 尾，占总样本量的 4.39％。大麻哈鱼个体绝对繁殖力（F）、叉长相对繁殖力（F_L）均随年龄的增长呈现出增高的趋势，而体重相对繁殖力（F_W）则呈现出一定波动。此外，对 4 个龄组的个体繁殖力进行单因素方差分析，结果显示 2^+、3^+ 龄组与 4^+、5^+ 龄组之间的 F 和 F_L 均存在显著性差异（$P<0.05$），而各年龄组之间的 F_W 无显著性差异（$P>0.05$）。

通过比较各龄组之间的总繁殖力可以估算各龄组对种群数量补充的贡献率，从表 5-2 可以看出 3^+ 龄组对种群的繁殖贡献率最大，为 42.97％，高贡献率可归因于该龄组显著的数量优势。其次为 4^+ 龄组，繁殖贡献率为 32％，而 2^+ 龄组与 4^+ 龄组数量接近，但繁殖贡献率仅 19.07％。5^+ 龄组数量虽少，但其繁殖贡献率达到 5.96％。

2. 个体繁殖力的分布

大麻哈鱼的个体绝对繁殖力（F）为 1 688.49～4 591.89 粒，平均（2 920.12±766.64）粒，其中 84.21％主要集中在 2 000～4 000 粒；叉长相对繁殖力（F_L）为 29.01～68.03 粒/cm，平均（45.72±10.23）粒/cm，其中 86.84％主要分布在 30～60 粒/cm；体重相对繁殖力（F_W）为 0.78～1.32 粒/g，平均（1.08±0.17）粒/g，其中 92.98％主要分布在 0.8～1.4 粒/g。整体来讲，大麻哈鱼的个体繁殖力（F、F_L、F_W）分布均比较集中（图 5-5）。

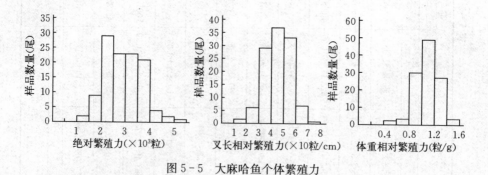

图 5-5　大麻哈鱼个体繁殖力

3. 个体繁殖力与各生物学指标之间的关系

将 114 尾大麻哈鱼样本的个体繁殖力（F、F_L、F_W）与年龄、叉长等 9 个生物学指标进行相关性分析。从表 5-3 可以看出 F、F_L 与肝重系数

之间的相关系数不显著，与其他指标之间的相关系数均达到极显著水平
（$P<0.01$）且均与卵巢重的相关系数最高；F_W 与卵巢重、性成熟系数之
间的相关系数达到极显著水平（$P<0.01$），与肝脏重的相关系数达到显
著水平（$P<0.05$），而与其他指标之间的相关系数不显著（$P>0.05$）。
为研究大麻哈鱼个体繁殖力（F、F_L、F_W）与各单一生物学指标之间的
关系，选取 6 种数学模型拟合个体繁殖力与各单一生物学指标之间的函数
关系，结果见表 5-4。

表 5-3　大麻哈鱼个体繁殖力与 8 个生物学指标间的相关系数

指标	年龄 A	叉长 L	体重 W	净体重 W_n	卵巢重 W_o	肝脏重 W_l	性成熟系数 GSI	肝重系数 LSI	肥满度 K
绝对繁殖力 F	0.676**	0.772**	0.808**	0.674**	0.972**	0.647**	0.640**	−0.109	0.422**
叉长相对繁殖力 F_L	0.581**	0.665**	0.717**	0.567**	0.953**	0.602**	0.726**	−0.053	0.436**
体重相对繁殖力 F_W	0.127	0.136	0.149	−0.041	0.643**	0.215*	0.926**	0.140	0.076

注："*"表示相关性达到显著水平（$P<0.05$）；"**"表示相关性达到极显著水平（$P<0.01$）。

表 5-4　大麻哈鱼个体繁殖力与各生物学指标的最佳拟合方程

指标	个体繁殖力		
	绝对繁殖力（粒）F	叉长相对繁殖力（粒/cm）F_L	体重相对繁殖力（粒/g）F_W
年龄（年）A	$F=81.72A^2+110A+1\,736$ $R^2=0.465$　$P<0.01$	$F_L=1.182A^2-0.332A+34.56$ $R^2=0.345$　$P<0.01$	$P>0.05$
叉长（cm）L	$F=3.504L^2-273.2L+6\,121$ $R^2=0.600$　$P<0.01$	$F_L=0.033L^2-2.262L+54.75$ $R^2=0.443$　$P<0.01$	$P>0.05$
体重（g）W	$F=1.8\times10^{-4}W^2+0.245W+898.5$ $R^2=0.656$　$P<0.01$	$F_L=1\times10^{-6}W^2+0.008W+14.79$ $R^2=0.515$　$P<0.01$	$P>0.05$

（续）

指标	个体繁殖力		
	绝对繁殖力 (粒) F	叉长相对繁殖力 (粒/cm) F_L	体重相对繁殖力 (粒/g) F_W
净体重 (g) W_n	$F=1.332W_n+208.2$ $R^2=0.455$ $P<0.01$	$F_L=2\times10^{-6}W_n^2+0.022W_n+8.224$ $R^2=0.322$ $P<0.01$	$P>0.05$
卵巢重 (g) W_o	$F=5.371W_o^{1.002}$ $R^2=0.953$ $P<0.01$	$F_L=0.216W_o^{0.852}$ $R^2=0.921$ $P<0.01$	$F_W=0.432\ln(W_n)-1.616$ $R^2=0.455$ $P<0.01$
肝脏重 (g) W_1	$F=119.7W_1^{0.844}$ $R^2=0.421$ $P<0.01$	$F_L=-0.005W_1^2+1.207W_1+4.981$ $R^2=0.367$ $P<0.01$	$F_W=0.541W_1^{0.182}$ $R^2=0.048$ $P<0.05$
性成熟系数 (%) GSI	$F=1.008GSI^{1.117}$ $R^2=0.462$ $P<0.01$	$F_L=1.783GSI^{1.08}$ $R^2=0.665$ $P<0.01$	$F_W=0.058GSI^{0.977}$ $R^2=0.882$ $P<0.01$
肝重系数 (%) LSI	$P>0.05$	$P>0.05$	$P>0.05$
肥满度 (g/cm³) K	$F=-41\,295K^2+90\,737K-46\,620$ $R^2=0.283$ $P<0.01$	$F_L=-537.3K^2+1\,184K-602.8$ $R^2=0.289$ $P<0.01$	$P>0.05$

注：R^2 为决定系数，P 为显著性水平。

三、资源现状

据相关资料记载，1940 年以前，珲春市鱼年产量高达 150～200 t。20世纪 80 年代不完全资料统计，产量锐减到 200～300 尾，驼背大麻哈鱼已濒临绝迹。近年来，珲春市总鱼产量恢复到 100 t 左右，其中大麻哈鱼产量 5 t 左右，数量维持在 2 000～3 000 尾，年龄区间为 3～5 龄，以 3～4龄为主。

图们江水域大麻哈鱼亲鱼捕捞方式为流刺网，捕捞渔船为机动船。因捕捞量较少，以捕捞站点的捕捞数量为单位进行统计，单位捕捞努力量渔获量（CPUE）按单位渔船的捕捞数量为单位进行统计。图们江防川捕捞点的 CPUE 为 0.34 尾/（船·d），10.8 尾/d，详见图 5 - 6。

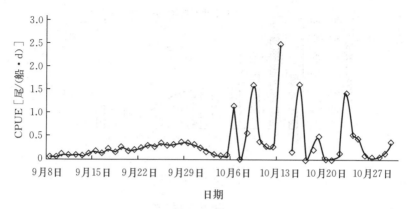

图 5-6　图们江水域大麻哈鱼的 CPUE

根据调查结果，对各地理种群大麻哈鱼的资源量进行了估算。2021年度大麻哈鱼资源量低于往年平均水平。其中，黑龙江大麻哈鱼洄游数量1万尾左右，乌苏里江 6 万尾左右，绥芬河大麻哈鱼回归群体数量为 600尾左右，图们江 4 000 尾左右，详见图 5-7。

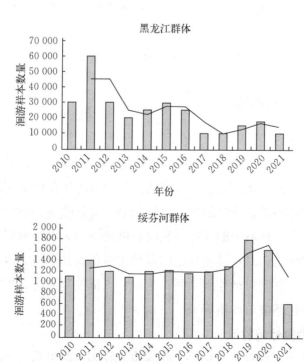

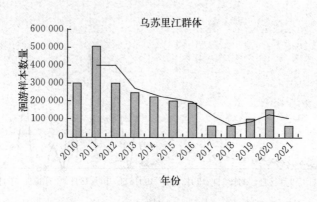

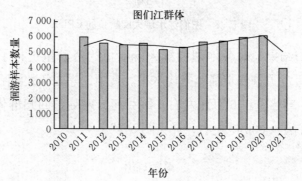

图 5-7 大麻哈鱼回归群体数量

四、人工放流标志

1. 材料与方法

大麻哈鱼增殖放流工作中的标记方法分为剪脂鳍标记、耳石温度标记和耳石锶标记三种方法。图们江大麻哈鱼标记放流工作中采用耳石温度标记方法，该方法根据设计好的耳石日轮图谱，通过改变大麻哈鱼孵化水体的环境温度，在其耳石上形成标记轮纹，以此作为大麻哈鱼野生群体和放流群体区分的标志。耳石温度标记主要技术设备有加热或制冷设备，水体循环泵，温度—湿度自动控制系统，水位、流量控制装置，封闭、隔离设施，循环水孵化槽或培育槽等。

2. 大麻哈鱼标记放流

课题组联合大麻哈鱼保护协会共同推动我国大麻哈鱼耳石温度标记工作，为图们江大麻哈鱼增殖放流苗种向北太平洋溯河鱼类组织（NPAFC）

申请温度标记号段。2021 年珲春市大麻哈鱼放流苗种的温度标记码为 3，7H。为了评估标记的有效性，对放流幼鱼样本进行检测，标记效果达到 100%。本年度在密江河水域放流大麻哈鱼 30 万尾（耳石温度标记）。

五、栖息地现状

2021 年在图们江水域共设置 9 个调查断面，其中图们江干流 3 个断面，支流红旗河、密江河各 2 个断面，支流嘎呀河、珲春河各 1 个断面。调查断面的生境特征见表 5-5，其中河宽介于 18～230 m，水深范围介于 0.3～1.3 m，水体流速主要介于 0.1～1.3 m/s，河道底质类型主要以大中型石砾为主，兼有大量小沙砾等混合底质。

表 5-5　图们江流域大麻哈鱼栖息地调查断面生境特征

调查断面	海拔（m）	河宽（m）	水深（m）	流速（m/s）	底质类型
T1	92	60	1.3	0.2～1.8	8～18 cm 沙石为主，中间沙 2～20 cm
T2	81	200	0.7	0.2～2.0	以 2～8 cm 小沙石为主
T3	72	50	0.4	0.1～1.0	沙、少量石
T4	1	230	1.1	0.1～1.3	沙、少土
T5	17	200	0.9	0.1～1.8	砾石、沙
T6	196	58	0.4	0.8	中大型石砾，少量沙
T7	690	28	0.3	0.1～1.2	中大型石砾，少量沙
T8	564	18	1.2	0.1～1.3	中大型石砾，少量沙
T9	570	45	0.6	0.1～1.2	中大型石砾，少量沙

2021 年 10 月下旬对图们江流域大麻哈鱼主要栖息地各断面的水体理化

指标进行了测定分析。可以看出，各调查断面之间水温范围介于 2~13 ℃，均值为 (7.91±3.47) ℃，其中红旗河的水温远低于其他干、支流，仅 3 ℃左右，其他断面的水温均在 6 ℃以上。各调查断面的水体溶解氧含量均较高，范围介于 10.74~12.86 mg/L 之间，均值为 (11.73±0.77) mg/L，该溶解氧含量能够满足大麻哈鱼受精卵孵化需求（一般大于 5 mg/L 即能满足受精卵发育需求）。各调查断面水体电导率范围介于 107.9~393 μS/cm，均值为 (218.51±110.83) μS/cm；水体浊度介于 1.3~48 NTU，均值为 (12.50±17.75) NTU，除了位于图们江市区周边的 T1 断面和位于嘎呀河下游的 T2 断面浊度较高之外，其余断面水体浊度均较低，水质清澈。各调查断面水体 pH 均在 6.5 左右，差异不大。各调查断面水体高锰酸钾指数（COD）介于 1.19~4.31 mg/L，均值为 (2.87±0.10) mg/L；各调查断面总磷含量较低，除 T1 和 T2 断面检出少量总磷外，其余断面均未检出，均值为 (0.003 6±0.01) mg/L；硝酸盐氮含量介于 0.153~0.829 mg/L，均值为 (0.404 2±0.21) mg/L；氨氮含量介于 0.024~0.153 mg/L，均值为 (0.071 3±0.04) mg/L；总氮含量介于 0.571~0.864 mg/L，均值为 (0.691 8±0.10) mg/L。参照《地表水环境质量标准》（GB 3838—2002），可见调查水域总氮含量较高，属于Ⅲ类水质标准；高锰酸钾指数均值大于 2 mg/L，小于 4 mg/L，属于Ⅱ类水质标准；溶解氧、氨氮、总磷均值均较小，符合Ⅰ类水质标准。整体来讲，调查水域各断面水质清澈，水质良好，能够满足大麻哈鱼的繁殖活动及受精卵孵化需求。

◇ 参考文献

陈宜瑜，1998. 中国动物志·硬骨鱼纲·鲤形目（中卷）［M］. 北京：科学出版社.

董崇智，2000. 中国淡水冷水性鱼类［M］. 哈尔滨：黑龙江科学技术出版社.

珲春市地方志编纂委员会，2000. 珲春市志［M］. 长春：吉林人民出版社：93-95.

解玉浩，2007. 东北地区淡水鱼类［M］. 沈阳：辽宁科学技术出版社.

赵文阁，等，2018. 黑龙江省鱼类原色图鉴［M］. 北京：科学出版社.

第六章

图们江其他水生生物资源现状评价

第一节　浮游植物

一、种类组成

调查期间，在图们江干流及其支流采集浮游植物共计7门100种。其中，硅藻门的种类最多，60种，占60%；绿藻门次之，25种，占25%；蓝藻门6种，占6%；隐藻门4种，占4%；金藻、裸藻门各2种，分别占2%；黄藻门最少，仅1种，占1%（表6-1）。

表6-1　图们江浮游植物种类组成

门	种类	
	中文名	拉丁文名
硅藻门 Bacillariophyta	卵形藻	*Cocconeis* sp.
	尖针杆藻	*Synedra acus*
	肘状针杆藻	*Synedra ulna*
	针杆藻	*Synedra* sp.
	尖针杆藻极狭变种	*Snedra acus* var. *angustissima*
	双头针杆藻	*Synedra amphicephala*
	偏凸针杆藻小头变种	*Synedra vaucheriae* var. *capitellate*
	舟形藻	*Navicula* sp.
	长圆舟形藻	*Navicula oblonga*
	简单舟形藻	*Navicula simplex*
	瞳孔舟形藻	*Navicula pupula*

（续）

门	种类	
	中文名	拉丁文名
硅藻门 Bacillariophyta	喙头舟形藻	*Navicula rhynchocephala*
	短小舟形藻	*Navicula exigua*
	小头舟形藻	*Navicula capitata*
	英吉利舟形藻	*Navicula anglica*
	弧形蛾眉藻	*Ceratoneis arcus*
	弧形蛾眉藻双尖变种	*Ceratoneis arcus* var. *amphioxys*
	弧形蛾眉藻直变种	*Ceratoneis arcus* var. *recta*
	环状扇形藻	*Meridion circulare*
	环状扇形藻缢缩变种	*Meridion circulare* var. *constricta*
	胡斯特桥弯藻	*Cymbella hustedtii*
	箱形桥弯藻	*Cymbella cistula*
	细小桥弯藻	*Cymbella gracilis*
	桥弯藻	*Cymbella* sp.
	偏肿桥弯藻	*Cymbella ventricosa*
	微细桥弯藻	*Cymbella parva*
	尖辐节藻	*Stauroneis acuta*
	双头辐节藻	*Stauroneis anceps*
	脆杆藻	*Fragilaria* sp.
	钝脆杆藻	*Fragilaria capucina*
	短线脆杆藻	*Fragilaria brevistriata*
	羽纹脆杆藻	*Fragilaria pinnata*
	变异脆杆藻	*Fragilaria virescens*
	变异脆杆藻中狭变种	*Fragilaria virescens* var. *mesolepta*
	羽纹藻	*Pinnularia* sp.
	波形羽纹藻	*Pinnularia undulata*
	北方羽纹藻	*Pinnularia borealis*
	双尖菱板藻小头变型	*Hantzschia amphioxys* f. *capitata*
	近线形菱形藻	*Nitzschia sublinearis*
	池生菱形藻	*Nitzschia stagnorum*
	美丽星杆藻	*Asterionella formosa*
	变异直链藻	*Melosira varians*

（续）

门	种类	
	中文名	拉丁文名
硅藻门 Bacillariophyta	颗粒直链藻	*Melosira granulata*
	直链藻	*Melosira* sp.
	小环藻	*Cyclotella* sp.
	条纹小环藻	*Cyclotella striata*
	扭曲小环藻	*Cyclotella comta*
	具星小环藻	*Cyclotella stelligera*
	等片藻	*Diatoma* sp.
	普通等片藻	*Diatoma vulgare*
	长等片藻	*Diatoma elongatum*
	双壁藻	*Diploneis* sp.
	橄榄形异极藻	*Gomphonema olivaceum*
	缢缩异极藻	*Gomphonema constrictum*
	异极藻	*Gomphonema* sp.
	双菱藻	*Surirella* sp.
	卵形双菱藻羽纹变种	*Surirella ovate* var. *pinnata*
	弯形弯楔藻	*Rhoicosphenia curvata*
绿藻门 Chlorophyta	蛋白核小球藻	*Chlorella pyrenoidosa*
	普通小球藻	*Chlorella vulgaris*
	椭圆小球藻	*Chlorellaellipsoidea*
	丝藻	*Ulothrix* sp.
	四刺顶棘藻	*Chodatella quadriseta*
	栅藻	*Scenedesmus* sp.
	双形栅藻	*Scenedesmus dimorphus*
	四尾栅藻	*Scenedesmus quadricauda*
	斜列栅藻	*Scenedesmus obliquus*
	柱状栅藻	*Scenedesmu sbijuga*
	二角盘星藻	*Pediastrum duplex*
	盘星藻	*Pediastrum* sp.
	空球藻	*Eudorina* sp.
	多芒藻	*Golenkinia* sp.
	集星藻	*Actinastrum* sp.

（续）

门	种类	
	中文名	拉丁文名
绿藻门 Chlorophyta	空星藻	*Coelastrum* sp.
	纤维藻	*Ankistrodesmus* sp.
	螺旋纤维藻	*Ankistrodesmus spiralis*
	鼓藻	*Cosmarium* sp.
	新月藻	*Closterium* sp.
	小球藻	*Chlorella* sp.
	衣藻	*Chlamydomonas* sp.
	卵形衣藻	*Chlamydomonas ovalis*
	小球衣藻	*Chlamydomonas microsphaera*
	绿球藻	*Chlorococcum* sp.
蓝藻门 Cyanophyta	针晶蓝纤维藻镰刀型	*Dactylococcopsis rhaphidioides*
	水华束丝藻	*Aphanizomenon flosaquae*
	细小平裂藻	*Merismopedia minima*
	针状蓝纤维藻	*Dactylococcopsis acicularis*
	颤藻	*Oscillatoria* sp.
	黏球藻	*Gloeocapsa* sp.
金藻门 Chrysophyta	微红金颗藻	*Chrysococcus rufescens*
	锥囊藻	*Dinobryon* sp.
黄藻门 Xanthophyta	黄丝藻	*Tribonema* sp.
裸藻门 Euglenophyta	裸藻	*Euglena* sp.
	囊裸藻	*Trachelomonas* sp.
隐藻门 Cryptophyta	尖尾蓝隐藻	*Chroomonas acuta*
	啮蚀隐藻	*Cryptomonas erosa*
	蓝隐藻	*Chroomonas* sp.
	卵形隐藻	*Cryptomonas ovata*

二、优势种及常见种

春季，图们江流域浮游植物的优势种及常见种以硅藻门为主，有肘状针杆藻、尖针杆藻极狭变种、箱形桥弯藻、微细桥弯藻、羽纹脆杆藻以及舟形藻；绿藻门有栅藻、衣藻、普通小球藻；蓝藻门有针状蓝纤维藻、水华束丝藻。

夏季，图们江流域浮游植物的优势种及常见种以硅藻门为主，有舟形藻、肘状针杆藻、细小桥弯藻、羽纹藻、美丽星杆藻、小环藻；绿藻门有普通小球藻、栅藻、绿球藻；蓝藻门有针状蓝纤维藻、水华束丝藻、细小平裂藻；隐藻门有蓝隐藻；裸藻门有囊裸藻。

秋季，图们江流域浮游植物优势种类及常见种以硅藻门为主，有小环藻、舟形藻、异极藻、肘状针杆藻、细小桥弯藻；绿藻门有栅藻、衣藻、纤维藻、小球藻；蓝藻有水华束丝藻、细小平裂藻、针状蓝纤维藻；裸藻门有囊裸藻。

三、数量

(一) 春季

春季，图们江浮游植物数量平均为 31.92×10^4 个/L（以细胞数量计），其中布尔哈通河数量远高于其他水域，为 117.61×10^4 个/L，图们江干流数量平均为 30.96×10^4 个/L，略高于其他支流，支流中红旗河数量最低为 3.55×10^4 个/L（图 6-1）。

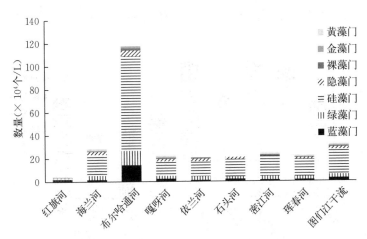

图 6-1　春季图们江浮游植物数量分布

春季，图们江干流浮游植物数量为 30.96×10⁴ 个/L，其中硅藻门最高为 21.75×10⁴ 个/L，占 70.25%；绿藻门次之 2.99×10⁴ 个/L；蓝藻门 2.64×10⁴ 个/L；隐藻门 1.91×10⁴ 个/L；裸藻门 0.78×10⁴ 个/L；金藻门 0.62×10⁴ 个/L；黄藻门 0.27×10⁴ 个/L。水平分布来看，图们江下游沙坨子段最高为 45.90×10⁴ 个/L，下游防川段最低为 15.80×10⁴ 个/L（图 6-2）。

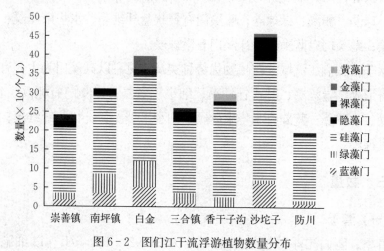

图 6-2 图们江干流浮游植物数量分布

（二）夏季

夏季，图们江浮游植物数量平均为 129.28×10⁴ 个/L，其中依兰河数量最高为 171.92×10⁴ 个/L，图们江干流数量平均为 124.92×10⁴ 个/L，支流中珲春河数量最低为 78.54×10⁴ 个/L（图 6-3）。

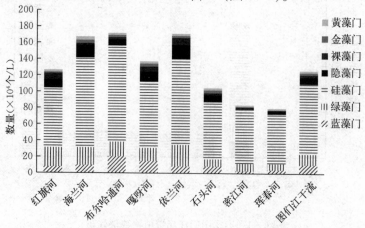

图 6-3 春季图们江浮游植物数量分布

夏季，图们江干流浮游植物数量为 124.92×10⁴ 个/L，其中硅藻门最高为 86.12×10⁴ 个/L，占 68.94%；绿藻门次之 13.22×10⁴ 个/L；蓝藻门 10.92×10⁴ 个/L；隐藻门 7.97×10⁴ 个/L；裸藻门 3.20×10⁴ 个/L；金藻门 2.52×10⁴ 个/L；黄藻门 0.97×10⁴ 个/L。水平分布来看，图们江下游沙坨子段最高为 175.30×10⁴ 个/L，下游防川段最低为 82.90×10⁴ 个/L（图 6-4）。

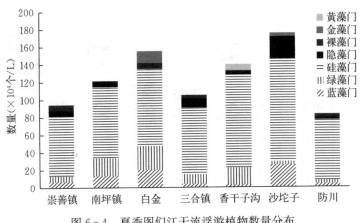

图 6-4 夏季图们江干流浮游植物数量分布

（三）秋季

秋季，图们江浮游植物数量平均为 84.74×10⁴ 个/L，其中依兰河数量最高为 102.60×10⁴ 个/L，图们江干流数量平均为 97.14×10⁴ 个/L，支流中石头河数量最低为 59.4×10⁴ 个/L（图 6-5）。

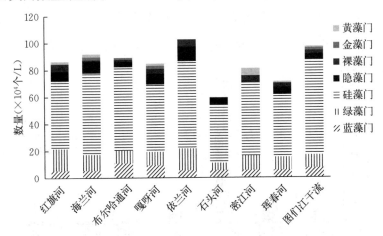

图 6-5 秋季图们江浮游植物数量分布

秋季, 图们江干流浮游植物数量为 97.13×10⁴ 个/L, 其中硅藻门最高为 70.67×10⁴ 个/L, 占 72.76%; 绿藻门次之 9.59×10⁴ 个/L; 蓝藻门 7.09×10⁴ 个/L; 隐藻门 4.25×10⁴ 个/L; 裸藻门 2.58×10⁴ 个/L; 金藻门 2.04×10⁴ 个/L; 黄藻门 0.91×10⁴ 个/L。水平分布来看, 图们江下游沙坨子段最高为 124.50×10⁴ 个/L, 下游防川段最低为 76.00×10⁴ 个/L (图 6-6)。

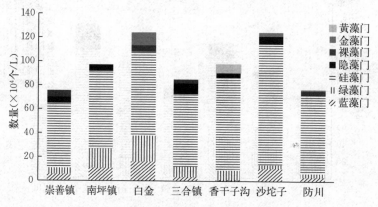

图 6-6 秋季图们江干流浮游植物数量分布

(四) 小结

图们江春、夏、秋 3 季浮游植物数量平均为 81.97×10⁴ 个/L, 其中硅藻门最高为 54.45×10⁴ 个/L, 占 66.43%; 绿藻门次之 10.25×10⁴ 个/L; 蓝藻门 6.47×10⁴ 个/L; 隐藻门 5.76×10⁴ 个/L; 裸藻门 2.65×10⁴ 个/L; 黄藻门 1.21×10⁴ 个/L; 金藻门 1.18×10⁴ 个/L。3 个季节夏季数量最高为 129.28×10⁴ 个/L, 春季最低为 31.92×10⁴ 个/L (图 6-7)。

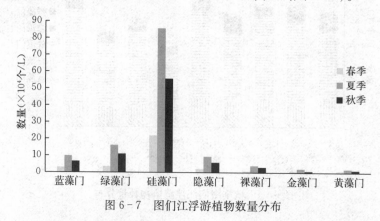

图 6-7 图们江浮游植物数量分布

四、生物量

(一) 春季

春季，图们江浮游植物生物量平均为 0.48 mg/L，其中布尔哈通河生物量远高于其他水域为 2.21 mg/L，图们江干流生物量平均为 0.36 mg/L，支流中红旗河生物量最低为 0.05 mg/L (图 6 - 8)。

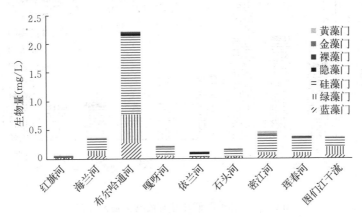

图 6 - 8　春季图们江浮游植物生物量分布

春季，图们江干流浮游植物生物量为 0.37 mg/L，其中硅藻门最高为 0.14 mg/L，占 37.84%；绿藻门次之 0.13 mg/L；蓝藻门 0.06 mg/L；隐藻门 0.01 mg/L；裸藻门 0.01 mg/L；金藻门 0.01 mg/L；黄藻门 0.01 mg/L。水平分布来看，图们江下游沙坨子段最高为 0.68 mg/L，上游崇善段最低为 0.11 mg/L (图 6 - 9)。

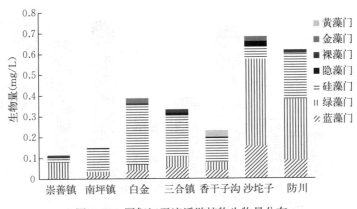

图 6 - 9　图们江干流浮游植物生物量分布

（二）夏季

夏季，图们江浮游植物生物量平均为 1.39 mg/L，其中布尔哈通河生物量最高为 1.35 mg/L，图们江干流生物量平均为 0.99 mg/L，支流中石头河生物量最低为 0.77 mg/L（图 6-10）。

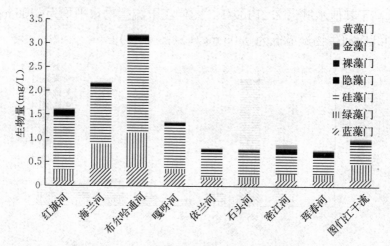

图 6-10　春季图们江浮游植物生物量分布

夏季，图们江干流浮游植物生物量为 0.99 mg/L，其中硅藻门最高为 0.43 mg/L，占 43.43%；绿藻门次之 0.33 mg/L；蓝藻门 0.14 mg/L；隐藻门 0.03 mg/L；金藻门 0.03 mg/L；裸藻门 0.02 mg/L；黄藻门 0.01 mg/L。水平分布来看，图们江下游沙坨子段最高为 1.57 mg/L，上游崇善段最低为 0.45 mg/L（图 6-11）。

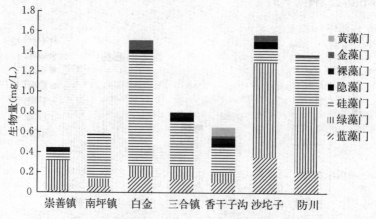

图 6-11　夏季图们江干流浮游植物生物量分布

（三）秋季

秋季，图们江浮游植物生物量平均为 0.88 mg/L，其中布尔哈通河生物量最高为 1.72 mg/L，图们江干流生物量平均为 0.80 mg/L，支流中石头河生物量最低为 0.46 mg/L（图 6-12）。

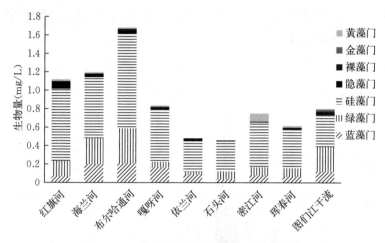

图 6-12　秋季图们江浮游植物生物量分布

秋季，图们江干流浮游植物生物量为 0.81 mg/L，其中硅藻门最高为 0.35 mg/L，占 43.21%；绿藻门次之 0.27 mg/L；蓝藻门 0.12 mg/L；隐藻门 0.02 mg/L；裸藻门 0.02 mg/L；金藻门 0.02 mg/L；黄藻门 0.01 mg/L。水平分布来看，图们江下游沙坨子段最高为 1.29 mg/L，上游崇善段最低为 0.36 mg/L（图 6-13）。

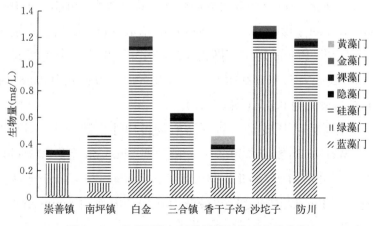

图 6-13　秋季图们江干流浮游植物生物量分布

(四) 小结

图们江春、夏、秋 3 季浮游植物生物量平均为 0.92 mg/L，其中硅藻门最高为 0.56 mg/L，占 60.87%；绿藻门次之 0.18 mg/L；蓝藻门 0.12 mg/L；隐藻门 0.03 mg/L；裸藻门 0.03 mg/L；黄藻门 0.02 mg/L；金藻门 0.01 mg/L。3 个季节夏季生物量最高为 1.39 mg/L，春季最低为 0.48 mg/L (图 6 - 14)。

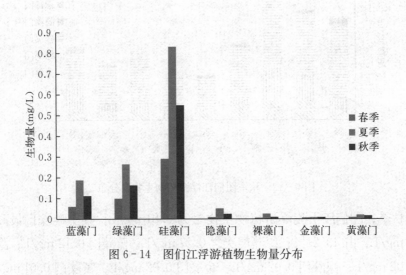

图 6 - 14　图们江浮游植物生物量分布

五、生物多样性评价

春季，图们江不同支流 3 种浮游植物多样性指数均不高，其中嘎呀河 Shannon - Weiner 指数 (H') 和 Simpson 指数 (D) 最高，分别为 2.80 和 0.84；依兰河 Pielou 均匀度指数 (J') 最高为 0.72。海兰河 Shannon - Weiner 指数最低为 1.34，红旗河 Pielou 均匀度指数最低为 0.38，石头河 Simpson 指数最低为 0.46 (图 6 - 15)。

夏季，图们江不同支流 3 种浮游植物多样性指数较高，其中嘎呀河 Shannon - Weiner 指数最高为 2.92；依兰河 Simpson 指数和 Pielou 均匀度指数最高，分别为 0.85 和 0.83。海兰河 Shannon - Weiner 指数最低为 1.98，红旗河 Pielou 均匀度指数最低为 0.58，石头河 Simpson 指数最低为 0.71 (图 6 - 16)。

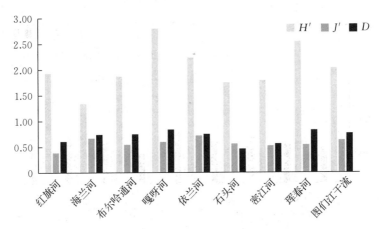

图 6-15 春季图们江浮游植物多样性指数分布

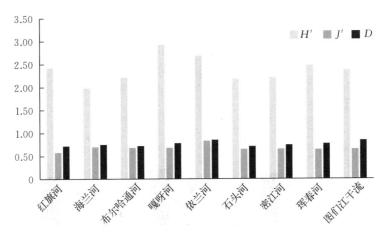

图 6-16 夏季图们江浮游植物多样性指数分布

秋季，图们江不同支流 3 种浮游植物多样性指数不高，其中嘎呀河 Shannon - Weiner 指数最高为 2.19；依兰河 Simpson 指数和 Pielou 均匀度指数最高，分别为 0.83 和 0.74。海兰河 Shannon - Weiner 指数最低为 1.31，红旗河 Pielou 均匀度指数最低为 0.35，石头河 Simpson 指数最低为 0.47（图 6-17）。

从不同季节图们江浮游植物多样性指数分布图（图 6-18）可见，夏季 Shannon - Weiner 指数、Simpson 指数和 Pielou 均匀度指数均最高，春季次之，秋季最低。

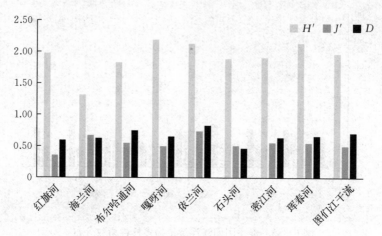

图 6-17　秋季图们江浮游植物多样性指数分布

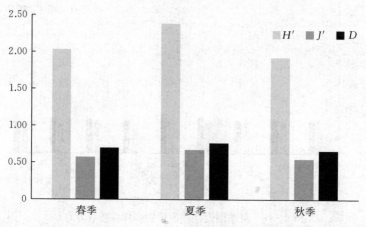

图 6-18　图们江浮游植物多样性指数分布

第二节　浮游动物

一、种类组成

调查期间，图们江流域浮游动物经鉴定共 4 大类 42 种。其中，轮虫类最多，为 23 种（类），占 54.76%；原生动物次之，为 12 种（类），占 28.57%；桡足类 4 种（类），占 9.52%；枝角类最少，仅 3 种（类），占

7.14％（表6-2）。

表6-2　图们江流域浮游动物种类组成

类别	种类	
	中文名	拉丁文名
原生动物 Protozoa	普通表壳虫	*Arcella vulgaris*
	沙壳虫	*Difflugia* sp.
	球形沙壳虫	*Difflugia globulosa*
	尖顶沙壳虫	*Difflugia acuminata*
	冠砂壳虫	*Difflugia corona*
	侠盗虫	*Strobilidium* sp.
	筒壳虫	*Tintinnidium* sp.
	恩氏筒壳虫	*Tintinnidium entzii*
	帽形侠盗虫	*Strombidium velix*
	似铃壳虫	*Tintinnopsis* sp.
	焰毛虫	*Askenasia* sp.
	伪多核虫	*Pseudodileptus* sp.
轮虫 Rotifera	臂尾轮虫	*Brachionus* sp.
	矩形臂尾轮虫	*Brachionus leydigi*
	蒲达臂尾轮虫	*Brachionus budapestiensis*
	萼花臂尾轮虫	*Brachionus calyciflorus*
	壶状臂尾轮虫	*Brachionus urceus*
	方形臂尾轮虫	*Brachionus quadridentatus*
	角突臂尾轮虫	*Brachionus angularis*
	曲腿龟甲轮虫	*Keratella valga*
	螺形龟甲轮虫	*Keratella cochlearis*
	矩形龟甲轮虫	*Keratella quadrata*
	单趾轮虫	*Monostyla* sp.
	月形单趾轮虫	*Monostyla lunaris*
	针簇多肢轮虫	*Polyarthra trigla*
	长三肢轮虫	*Filinia longiseta*
	唇形叶轮虫	*Notholca labis*
	尖削叶轮虫	*Notholca acuminata*
	异尾轮虫	*Trichocerca* sp.

（续）

类别	种类	
	中文名	拉丁文名
轮虫 Rotifera	三肢轮虫	*Filinia* sp.
	迈氏三肢轮虫	*Filinia maior*
	叶轮虫	*Notholca* sp.
	前节晶囊轮虫	*Asplanchna priodonta*
	晶囊轮虫	*Asplanchna* sp.
	同尾轮虫	*Diurella* sp.
枝角类 Cladocera	象鼻溞	*Bosmina* sp.
	柯氏象鼻溞	*Bosmina coregoni*
	透明溞	*Daphnia hyalina*
桡足类 Copepoda	某种剑水蚤	Cyclopidae
	剑水蚤	*Macrocyelops cyclops* sp.
	无节幼体	Nauplius
	桡足幼体	Copepodid

二、优势种及常见种

春季，图们江流域浮游动物优势种类及常见种：原生动物有沙壳虫、筒壳虫；轮虫类有三肢轮虫、曲腿龟甲轮虫、矩形龟甲轮虫、螺形龟甲轮虫；枝角类有象鼻溞；桡足类有剑水蚤、无节幼体及桡足幼体。

夏季，图们江流域浮游动物优势种类及常见种：原生动物有沙壳虫、筒壳虫、侠盗虫；轮虫类有三肢轮虫、矩形龟甲轮虫、螺形龟甲轮虫、前节晶囊轮虫；枝角类有象鼻溞；桡足类有无节幼体及桡足幼体。

秋季，图们江流域浮游动物优势种类及常见种：原生动物有沙壳虫、筒壳虫、侠盗虫；轮虫类有针簇多肢轮虫、三肢轮虫、矩形龟甲轮虫、曲腿龟甲轮虫、前节晶囊轮虫；枝角类有象鼻溞；桡足类有剑水蚤、无节幼体及桡足幼体。

三、数量

(一) 春季

春季，图们江浮游动物数量平均为 691.82 个/L，其中珲春河数量最高为 976.2 个/L，图们江干流数量平均为 693.86 个/L，支流中石头河数量最低为 306 个/L (图 6-19)。

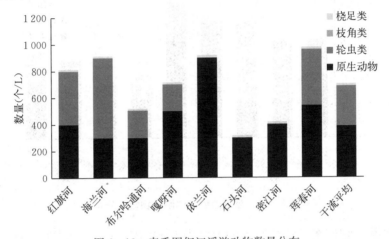

图 6-19 春季图们江浮游动物数量分布

春季，图们江干流浮游动物数量为 693.86 个/L，其中原生动物最高为 385.71 个/L，占 55.59%；轮虫次之 300.00 个/L；桡足类 6.86 个/L；枝角类 1.29 个/L。水平分布来看，图们江白金段最高为 1 206 个/L，香干子沟最低为 306 个/L (图 6-20)。

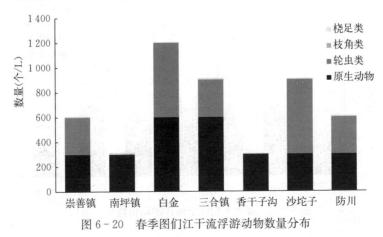

图 6-20 春季图们江干流浮游动物数量分布

(二) 夏季

夏季，图们江浮游动物数量平均为 1 496.74 个/L，其中依兰河数量最高为 1 830 个/L，图们江干流数量平均为 1 365.86 个/L，支流中密江河数量最低为 912 个/L (图 6-21)。

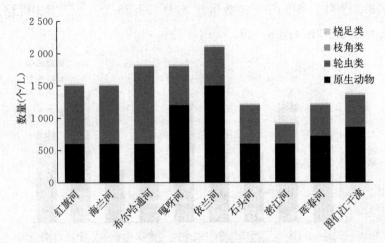

图 6-21 夏季图们江浮游动物数量分布

夏季，图们江干流浮游动物数量为 1 365.85 个/L，其中原生动物最高为 857.14 个/L，占 62.76%；轮虫次之 492.86 个/L；桡足类 11.14 个/L；枝角类 4.71 个/L。水平分布来看，图们江南坪镇段最高为 2 115 个/L，香干子沟最低为 909 个/L (图 6-22)。

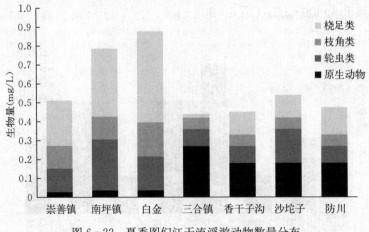

图 6-22 夏季图们江干流浮游动物数量分布

（三）秋季

秋季，图们江浮游动物数量平均为 907.31 个/L，其中依兰河数量最高为 1 350 个/L，图们江干流数量平均为 825.43 个/L，支流中布尔哈通河数量最低为 609 个/L（图 6-23）。

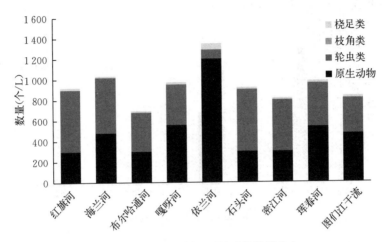

图 6-23　秋季图们江浮游动物数量分布

秋季，图们江干流浮游动物数量为 825.43 个/L，其中原生动物最高为 471.43 个/L，占 57.11%；轮虫次之 342.86 个/L；桡足类 8.57 个/L；枝角类 2.57 个/L。水平分布来看，图们江沙坨子段最高为 1 218 个/L，白金段最低为 315 个/L（图 6-24）。

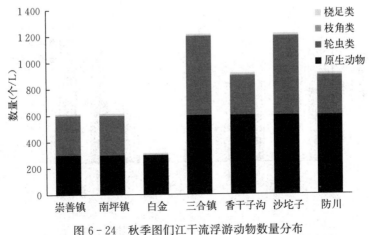

图 6-24　秋季图们江干流浮游动物数量分布

（四）小结

图们江春、夏、秋 3 季浮游动物数量为 1 043.06 个/L，其中原生动物最高为 583.38 个/L，占 55.93%；轮虫次之 447.02 个/L；桡足类 10.68 个/L；枝角类 1.98 个/L。3 个季节中夏季最高为 1 496.74 个/L，春季最低为 691.82 个/L（图 6 - 25）。

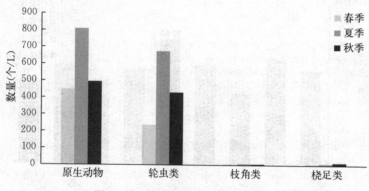

图 6 - 25　图们江浮游动物数量分布

四、生物量

（一）春季

春季，图们江浮游动物生物量平均为 0.20 mg/L，其中图们江干流平均生物量最高为 0.32 mg/L，支流中石头河生物量最低为 0.03 mg/L（图 6 - 26）。

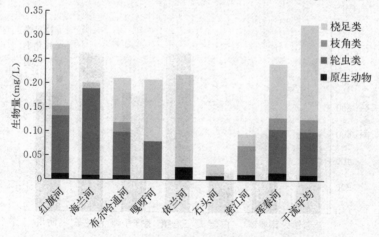

图 6 - 26　春季图们江浮游动物生物量分布

春季，图们江干流浮游动物生物量为 0.32 mg/L，其中桡足类最高为 0.20 mg/L，占 60.77%；轮虫次之 0.09 mg/L；枝角类 0.03 mg/L；原生动物 0.01 mg/L。水平分布来看，图们江沙坨子段最高为 0.49 mg/L，南坪镇最低为 0.21 mg/L（图 6-27）。

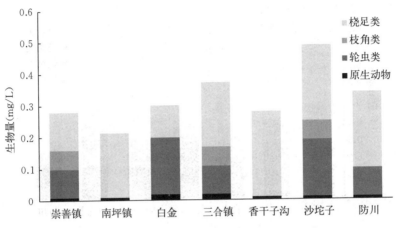

图 6-27　春季图们江干流浮游动物生物量分布

（二）夏季

夏季，图们江浮游动物生物量平均为 0.52 mg/L，其中布尔哈通河最高为 0.77 mg/L，支流中石头河生物量最低为 0.31 mg/L（图 6-28）。

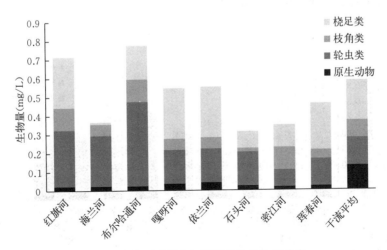

图 6-28　夏季图们江浮游动物生物量分布

夏季，图们江干流浮游动物生物量为 0.57 mg/L，其中桡足类最高为 0.20 mg/L，占 35.09%；轮虫次之 0.15 mg/L；原生动物 0.13 mg/L；枝角类 0.09 mg/L。水平分布来看，图们江白金段最高为 0.88 mg/L，三合镇最低为 0.44 mg/L（图 6-29）。

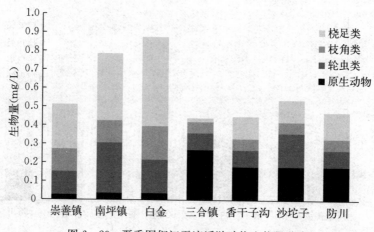

图 6-29　夏季图们江干流浮游动物生物量分布

（三）秋季

秋季，图们江浮游动物生物量平均为 0.35 mg/L，其中图们江干流平均生物量为 0.27 mg/L，支流中依兰河生物量最高为 0.46 mg/L，布尔哈通河最低为 0.21 mg/L（图 6-30）。

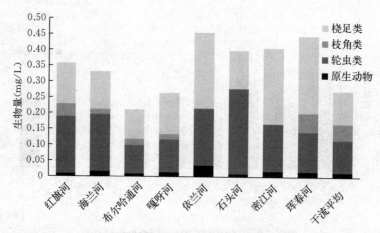

图 6-30　秋季图们江浮游动物生物量分布

秋季，图们江干流浮游动物生物量为 0.26 mg/L，其中桡足类与轮虫最高为 0.10 mg/L，占 37.04%；枝角类 0.05 mg/L；原生动物 0.01 mg/L。水平分布来看，图们江三合镇段最高为 0.50 mg/L，白金段最低为 0.11 mg/L（图 6-31）。

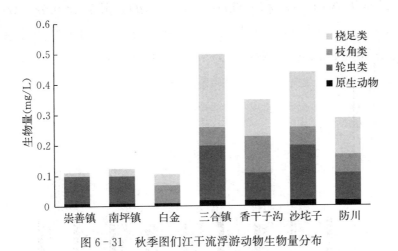

图 6-31 秋季图们江干流浮游动物生物量分布

（四）小结

图们江春、夏、秋 3 季浮游动物数量为 0.36 mg/L，其中轮虫和桡足类最高为 0.15 mg/L，占 41.67%；枝角类 0.04 mg/L；原生动物 0.02 mg/L。3 个季节夏季最高为 0.52 mg/L，春季最低为 0.20 mg/L（图 6-32）。

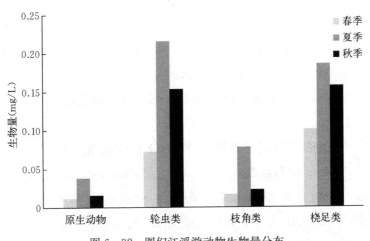

图 6-32 图们江浮游动物生物量分布

五、生物多样性评价

春季，图们江不同支流 3 种浮游动物多样性指数均不高，其中珲春河 Shannon - Weiner 指数（H'）最高为 2.12，密江河 Pielou 均匀度指数（J'）最高为 0.61，嘎呀河 Simpson 指数（D）最高为 0.76。海兰河 Shannon - Weiner 指数最低为 1.28，嘎呀河 Pielou 均匀度指数最低为 0.51，石头河 Simpson 指数最低为 0.53（图 6 - 33）。

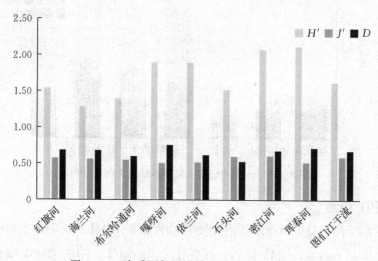

图 6 - 33　春季图们江浮游动物多样性指数分布

夏季，图们江不同支流 3 种浮游动物多样性指数均不高，其中密江河 Shannon - Weiner 指数和 Pielou 均匀度指数最高，分别为 2.51 和 0.69，红旗河 Simpson 指数最高为 0.72。海兰河 Shannon - Weiner 指数最低为 1.87，珲春河 Pielou 均匀度指数最低为 0.57，密江河 Simpson 指数最低为 0.58（图 6 - 34）。从调查结果来看，图们江流域支流浮游动物多样性指数高于干流。

秋季，图们江不同支流 3 种浮游动物多样性指数均不高，其中密江河 Shannon - Weiner 指数最高为 2.20，依兰河 Pielou 均匀度指数和 Simpson 指数最高，分别为 0.79 和 0.71。海兰河 Shannon - Weiner 指数最低为 1.34，嘎呀河 Pielou 均匀度指数最低为 0.49，石头河 Simpson 指数最低为 0.51（图 6 - 35）。

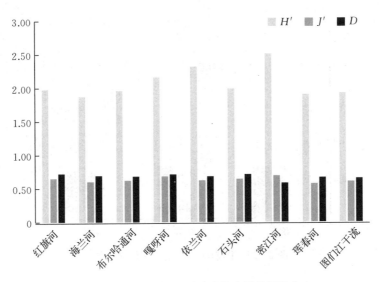

图 6-34　夏季图们江浮游动物多样性指数分布

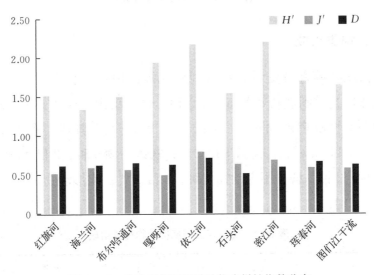

图 6-35　秋季图们江浮游动物多样性指数分布

与浮游植物多样性趋势相同，图们江干流和支流浮游动物的多样性相近，总体来看浮游动物的多样性均低于浮游植物多样性。从不同季节图们江浮游动物多样性指数分布图（图 6-36）可见，夏季 Shannon-Weiner 指数、Simpson 指数和 Pielou 均匀度指数均最高。

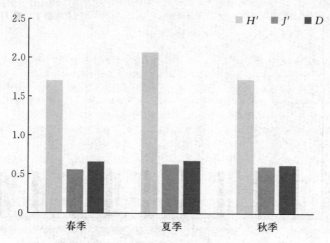

图 6-36　图们江浮游动物多样性指数

第三节　底栖动物

一、种类组成

根据现状调查及资料记载（刘保元等，1981；霍堂斌等，2015），图们江流域共采到底栖动物 5 类 60 种（软体动物、环节动物、水生昆虫、甲壳动物及扁形动物），隶属于 13 目 30 科。其中，水生昆虫 50 种，分属 7 目 22 科，占总数 83.33%；软体动物 5 种，2 目 4 科；环节动物 3 种，2 目 2 科；甲壳动物 1 种，1 目 1 科；扁形动物 1 种，1 目 1 科（表 6-3）。

表 6-3　图们江流域底栖动物种类组成

类别	目	科	种类
软体动物 Mollusca	基眼目 Basommatophora	椎实螺科 Lymnaeidae	耳萝卜螺 *Radix auricularia*
			长萝卜螺 *Radix pereger*
		田螺科 Viviparidae	铜锈环棱螺 *Bellamya aeruginosa*
		黑螺科 Melaniidae	黑龙江短沟蜷 *Semisulcospira amurensis*
	真瓣鳃目 Eulamellibranchia	蚌科 Unionidae	圆顶珠蚌 *Unio douglasiae*

（续）

类别	目	科	种类
环节动物 Annelida	吻蛭目 Rhynchobdellida	舌蛭科 Glossiphoniidae	宽身舌蛭 *Glossiphonia lata*
			静泽蛭 *Helobdella stagnalis*
	颤蚓目 Tubificida	颤蚓科 Tubificidae	霍甫水丝蚓 *Limnodrilus hoffmeisteri*
水生昆虫 Aquatic insects	半翅目 Hemiptera	水黾科 Gerridae	微黾蝽 *Hebrus* sp.
	蜉蝣目 Ephemeroptera	蜉蝣科 Ephemeridae	蜉蝣属 *Ephemera* sp.
		寡脉蜉科 Oligoneuriidae	*Paraleptophlebia* sp.
			Dpteromimus sp.
		短丝蜉科 Siphlonuridae	日本等蜉 *Isonychia japonica*
			二点短丝蜉 *Siphlonurus binotatus*
			Ameletus castalis
			Dpteromimus tipuliformis
			Dipteromimus sp.
		四节蜉科 Baetidae	生米蜉 *Baetis therimicus*
		扁蜉科 Heptageniidae	*Epeorus uenori*
			Cinygma hirasama
			Bleptus fasciatus
			高翔蜉属 *Epeorus* sp.
			奇埠扁蚴蜉 *Ecdyonurus kibunensis*
		小蜉科 Ephemerellidae	*Ephemerella* sp. - 1
			Ephemerella sp. - 2
			Ephemerella sp. - 3
			Ephemerella sp. - 4
			Ephemerella trispina
	襀翅目 Plecoptera	襀科 Perlidae	*Caroperla padfica*
			Kiotina sp.
			Perla tibialis
			Ostrovus mitsukonis
		无翅石蝇科 Scopuridae	无翅石蝇科一种 Scopuridae
			Caroperla padfica

（续）

类别	目	科	种类
水生昆虫 Aquatic insects	毛翅目 Trichoptera	毛石蛾科 Sericostomatidae	*Gumaga* sp.
		原石蛾科 Rhyacophilidae	*Rhyacophilila* sp.
			Himalopsyche japonica
		枝石蛾科 Calamoceratidae	*Amisocentropus immunis*
		沼石蛾科 Limnephilidae	*Limnephilius* sp.
		纹石蛾科 Hydropsychidae	灰纹石蛾 *Hydropsyche ulmeri*
			Diplectrona sp.
	双翅目 Diptera	细腰蚊科 Ptychopteridae	褶蚊属 *Ptychoptera* sp.
		摇蚊科 Chironomidae	羽摇蚊 *Chironomus plumosus*
			中华摇蚊 *Chironomus sinicus*
			倒毛摇蚊属一种 *Microtendipes* sp.
			分齿恩非摇蚊 *Einfeldia dissidens*
			黄色多足摇蚊 *Polypedilum flavum*
		大蚊科 Tipulidae	*Tipula* sp.
			绵大蚊属 *Erioptera* sp.
		蚋科 Simuliidae	蚋属 *Simulium* sp.
		蠓科 Ceratopogonidae	蠓科一种 Ceratopogonidae
	鞘翅目 Coleoptera	牙甲科 Hydrophilidae	沼牙虫属 *Laccobius* sp.
	蜻蜓目 Odonata	箭蜓科 Gomphidae	*Davidius nanus*
			Lanthus fujiacus
			Gomphus nagoyanus
			黑丽翅蜻 *Rhyothemis fuliginosa*
			春蜓属一种 *Gomphus* sp.
		色蟌科 Calopterygidae	*Calopteryx cornelia*
甲壳动物 Crustacean	端足目 Amphipoda	钩虾科 Gammaridae	钩虾 *Gammarus* sp.
扁形动物 Platyhelminthes	三肠目 Tricladida	扁涡虫科 Planariidae	真涡虫属 *planaria* sp.

二、优势种及常见种

春季，图们江流域底栖动物中，优势种和常见种主要有：*Ecdyonurus kibunensis*、*Ephemerella trispina*、灰纹石蛾、分齿恩非摇蚊和钩虾。

夏季，图们江流域底栖动物中，优势种和常见种主要有：羽摇蚊、灰纹石蛾、倒毛摇蚊、分齿恩非摇蚊和钩虾。

秋季，图们江流域底栖动物中，优势种和常见种主要有：春蜓属、*Ecdyonurus kibunensis*、灰纹石蛾、倒毛摇蚊、羽摇蚊和钩虾。

三、数量

（一）春季

春季，图们江底栖动物数量平均为 35.35 个/m²，其中密江河数量最高为 69.66 个/m²，图们江干流平均数量为 26.30 个/m²，支流中布尔哈通河数量最低为 7.78 个/m²（图 6-37）。

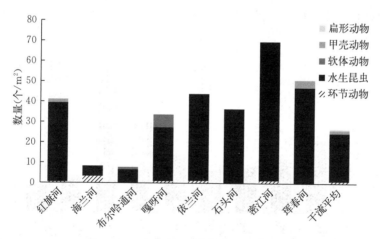

图 6-37 春季图们江底栖动物数量分布

春季，图们江干流底栖动物数量为 26.30 个/m²，其中水生昆虫最高为 23.60 个/m²，占 89.73%；甲壳动物次之 1.33 个/m²；环节动物 0.99 个/m²；软体动物 0.26 个/m²；扁形动物 0.12 个/m²。水平分布来看，图们江沙坨子段最高为 44.20 个/m²，三合镇段最低为 5.83 个/m²（图 6-38）。

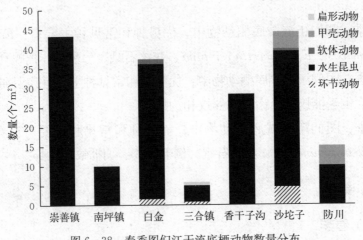

图 6-38 春季图们江干流底栖动物数量分布

(二) 夏季

夏季，图们江底栖动物数量平均为 139.50 个/m²，其中密江河数量最高为 312.67 个/m²，图们江干流平均数量为 62.43 个/m²，支流中珲春河数量最低为 79.61 个/m²（图 6-39）。

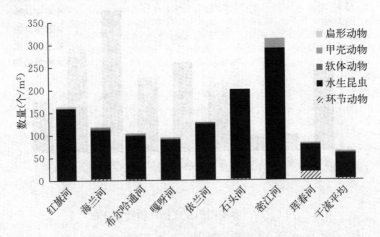

图 6-39 夏季图们江底栖动物数量分布

夏季，图们江干流底栖动物数量为 62.43 个/m²，其中水生昆虫最高为 56.34 个/m²，占 90.25%；环节动物次之 2.79 个/m²；软体动物 1.69 个/m²；甲壳动物 1.40 个/m²；扁形动物 0.21 个/m²。水平分布来看，图们江崇善镇段最高为 95.83 个/m²，防川段最低为 42.10 个/m²（图 6-40）。

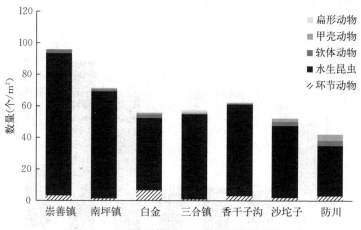

图 6-40 夏季图们江干流底栖动物数量分布

(三) 秋季

秋季，图们江底栖动物数量平均为 36.03 个/m²，其中密江河数量最高为 68.93 个/m²，图们江干流平均数量为 26.30 个/m²，支流中石头河数量最低为 17.00 个/m²（图 6-41）。

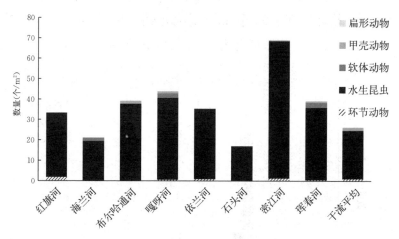

图 6-41 秋季图们江底栖动物数量分布

秋季，图们江干流底栖动物数量为 30.21 个/m²，其中水生昆虫最高为 26.03 个/m²，占 86.16%；环节动物次之 2.58 个/m²；软体动物0.76 个/m²；甲壳动物 0.55 个/m²；扁形动物 0.29 个/m²。水平分布来看，图们江沙坨子段最高为 56.67 个/m²，白金段最低为 16.00 个/m²（图 6 - 42）。

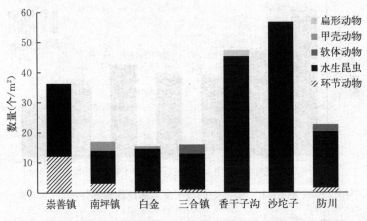

图 6 - 42　秋季图们江干流底栖动物数量分布

（四）小结

图们江春、夏、秋 3 季底栖动物数量为 70.29 个/m²，其中水生昆虫最高为 66.04 个/m²，占 93.95%；环节动物次之 1.73 个/m²；甲壳动物 1.49 个/m²；软体动物 0.96 个/m²；扁形动物 0.07 个/m²。3 个季节夏季最高为 70.29 个/m²，春季最低为 35.35 个/m²（图 6 - 43）。

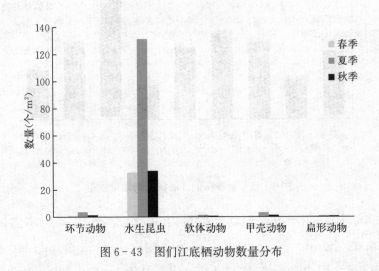

图 6 - 43　图们江底栖动物数量分布

四、生物量

（一）春季

春季，图们江底栖动物生物量平均为 1.94 g/m²，其中珲春河生物量最高为 6.57 g/m²，干流平均生物量为 0.98 g/m²，支流中石头河生物量最低为 0.37 g/m²（图 6-44）。

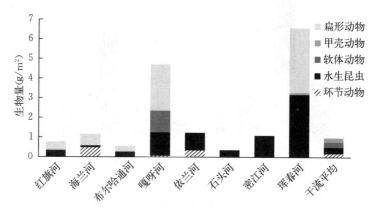

图 6-44　春季图们江底栖动物生物量分布

春季，图们江干流底栖动物生物量为 0.98 g/m²，其中水生昆虫最高为 0.33 g/m²，占 33.65%；软体动物次之 0.26 g/m²；甲壳动物 0.20 g/m²；环节动物 0.19 g/m²；扁形动物 0.006 g/m²。水平分布来看，图们江沙坨子段最高为 3.37 g/m²，南坪镇段最低为 0.06 g/m²（图 6-45）。

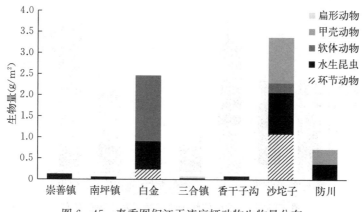

图 6-45　春季图们江干流底栖动物生物量分布

(二) 夏季

夏季，图们江底栖动物生物量平均为 9.81 g/m²，其中海兰河生物量最高为 25.94 g/m²，图们江干流生物量平均为 2.24 g/m²，支流中依兰河生物量最低为 3.43 g/m²（图 6 - 46）。

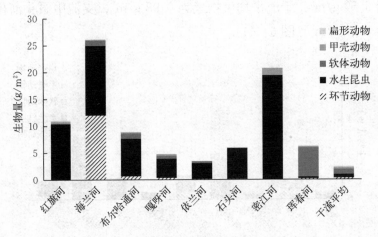

图 6 - 46　夏季图们江底栖动物生物量分布

夏季，图们江干流底栖动物生物量为 2.24 g/m²，其中软体动物最高为 0.96 g/m²，占 42.86%；水生昆虫次之 0.65 g/m²；甲壳动物 0.32 g/m²；环节动物 0.30 g/m²；扁形动物 0.007 g/m²。水平分布来看，图们江防川段最高为 3.75 g/m²，香干子沟段最低为 0.81 g/m²（图 6 - 47）。

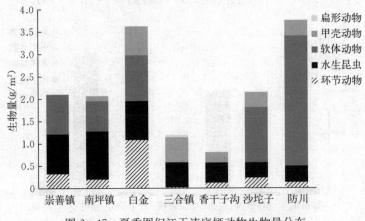

图 6 - 47　夏季图们江干流底栖动物生物量分布

（三）秋季

秋季，图们江底栖动物生物量平均为 1.20 g/m²，其中珲春河生物量最高为 2.75 g/m²，图们江干流生物量平均为 1.22 g/m²，支流中石头河生物量最低为 0.36 g/m²（图 6 - 48）。

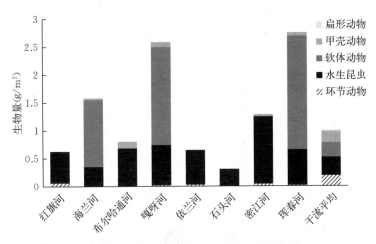

图 6 - 48　秋季图们江底栖动物生物量分布

秋季，图们江干流底栖动物生物量为 1.221 g/m²，其中软体动物最高为 0.620 g/m²，占 50.78%；水生昆虫次之 0.470 g/m²；环节动物 0.082 g/m²；甲壳动物 0.047 g/m²；扁形动物 0.002 g/m²。水平分布来看，图们江三合镇段最高为 2.71 g/m²，白金段最低为 0.34 g/m²（图 6 - 49）。

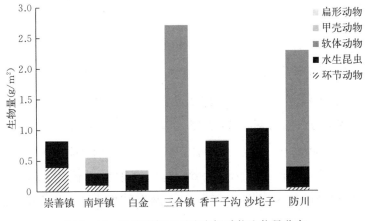

图 6 - 49　秋季图们江干流底栖动物生物量分布

(四) 小结

图们江春、夏、秋 3 季底栖动物生物量为 4.35 g/m²，其中水生昆虫最高为 2.82 g/m²，占 64.90%；软体动物次之 0.59 g/m²；环节动物 0.56 g/m²；扁形动物 0.26 g/m²；甲壳动物 0.11 g/m²。3 个季节夏季最高为 9.81 g/m²，秋季最低为 1.29 g/m²（图 6-50）。

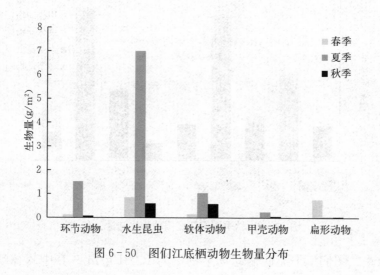

图 6-50　图们江底栖动物生物量分布

五、生物多样性评价

春季，图们江不同支流 3 种底栖动物多样性均不高，其中珲春河 Shannon - Weiner 指数（H'）最高为 2.24，嘎呀河 Pielou 均匀度指数（J'）和 Simpson 指数（D）均最高为 0.65 和 0.83。海兰河 Shannon - Weiner 指数最低为 1.21，红旗河 Pielou 均匀度指数和 Simpson 指数最低分别为 0.38 和 0.59（图 6-51）。

夏季，图们江不同支流 3 种底栖动物多样性指数均不高，其中海兰河 Shannon - Weiner 指数最高为 2.98，嘎呀河 Pielou 均匀度指数最高为 0.72，珲春河 Simpson 指数均最高为 0.82。密江河 Shannon - Weiner 指数最低为 2.18，图们江干流 Pielou 均匀度指数最低为 0.40，石头河 Simpson 指数最低 0.62（图 6-52）。从调查结果来看，图们江流域支流底栖动物多样性指数高于干流。

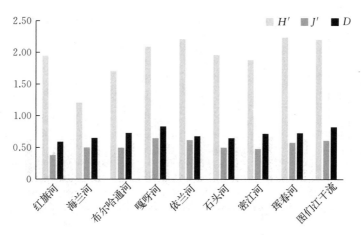

图6-51 春季图们江底栖动物多样性指数分布

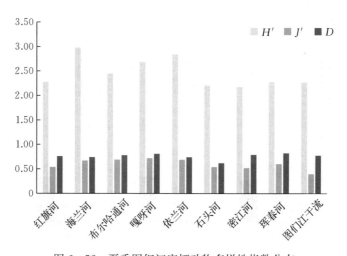

图6-52 夏季图们江底栖动物多样性指数分布

秋季，图们江不同支流3种底栖动物多样性指数均不高，其中依兰河Shannon-Weiner指数和Pielou均匀度指数均最高，分别为2.70和0.66，布尔哈通河Simpson指数最高为0.80。石头河Shannon-Weiner指数和Pielou均匀度指数均最低，分别为1.82和0.37，依兰河Simpson指数最低为0.69（图6-53）。

从不同季节图们江浮游动物多样性指数分布图（图6-54）可见，夏季Shannon-Weiner指数、Simpson指数和Pielou均匀度指数均最高，秋季次之，春季最低。

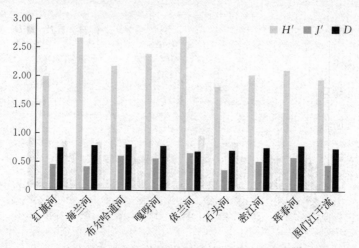

图 6-53　秋季图们江底栖动物多样性指数分布

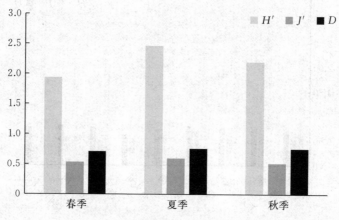

图 6-54　图们江底栖动物多样性指数分布

第四节　水生维管植物

一、种类组成

根据现状调查及资料记载（于丹，1996；薛建华等，2016），图们江流域水生维管植物分 2 大类别（单子叶植物、双子叶植物）共计 24 科 54 种，共有浮叶植物、挺水植物、滨水植物和沉水植物 4 种生态类群。其中，莎草科为 11 种，禾本科和菱科为 6 种，毛茛科为 5 种，蓼科、石竹科、黑三棱科、报春花科、眼子菜科和灯心草科各为2种，其他各科分别只有1种（表6-4）。

表6-4 图们江流域水生维管植物名录

类别	科	占比（%）	种
双子叶植物 Dicotyledons	蓼科 Polygonaceae	4	两栖蓼 *Polygonum amphibium*
			水蓼 *Polygonum hydropiper*
	石竹科 Caryophyllaceae	4	细叶繁缕 *Stellaria filicaulis*
			伞繁缕 *Stellaria longifolia*
	毛茛科 Ranunculaceae	9	白花驴蹄草 *Caltha natans*
			茴茴蒜 *Ranunculus chinensis*
			浮毛茛 *Ranunculus natans*
			松叶毛茛 *Ranunculus reptans*
			石龙芮 *Ranunculus sceleratus*
	虎耳草科 Saxifragaceae	2	互叶金腰 *Chrysosplenium alternifolium*
	蔷薇科 Rosaceae	2	沼委陵菜 *Comarum palustre*
	牻牛儿苗科 Geraniaceae	2	灰背老鹳草 *Geranium wlassowianum*
	小二仙草科 Haloragidaceae	2	轮叶狐尾藻 *Myriophyllum verticillutum*
	杉叶藻科 Hippuridaceae	2	杉叶藻 *Hippuris vulgaris*
	报春花科 Primulaceae	4	球尾花 *Lysimachia thyrsiflora*
			红花粉叶报春 *Primula farinosa*
	龙胆科 Gentianaceae	2	荇菜 *Nymphoides peltata*
	唇形科 Labiatae	2	狭叶黄芩 *Scutellaria regeliana*
	菱科 Trapaceae	11	格菱 *Trapa pseudoincisa*
			科热夫尼科夫菱 *Trapa kozhevnikovirum*
			东北菱 *Trapa manshurica*
			兴凯菱 *Trapa khankensis*
			野菱 *Trapa incisa*
			冠菱 *Trapa litwinowii*
	睡莲科 Nymphaeaceae	2	莲 *Nelumbo nucifera*
	眼子菜科 Potamogetonaceae	4	钝脊眼子菜 *Potamogeton octandrus*
			角果藻 *Zannichellia palustris*
	茅膏菜科 Droseraceae	2	貉藻 *Aldrovanda vesiculosa*

(续)

类别	科	占比 (%)	种
单子叶植物 Monocotyledons	香蒲科 Typhaceae	2	达香蒲 *Typha davidiana*
	黑三棱科 Sparganiaceae	4	小黑三棱 *Sparganium simplex*
			塔果黑三棱 *Sparganium polyedrum*
	水麦冬科 Juncaginaceae	2	水麦冬 *Triglochin palustre*
	禾本科 Gramineae	11	芦苇 *Phragmites communis*
			看麦娘 *Alopecurus aequalis*
			菵草 *Beckmannia syzigachne*
			大叶章 *Deyeuxia langsdorffii*
			小叶章 *Deyeuxia angustifolia*
			野稗 *Echinochloa crusgalli*
	莎草科 Cyperaceae	20	水葱 *Scirpus tabernaemontani*
			灰脉薹草 *Carex appendiculata*
			丛薹草 *Carex caespitosa*
			扁囊薹草 *Carex coriophora*
			球穗薹草 *Carex amgunensis*
			湿薹草 *Carex humida*
			膨囊薹草 *Carex lehmanii*
			中间型荸荠 *Eleocharis intersita*
			乳头基荸荠 *Eleocharis mamillata*
			东方藨草 *Scirpus orientalis*
			扁杆藨草 *Scirpus planiculmis*
单子叶植物 Monocotyledons	灯心草科 Juncaceae	4	细灯心草 *Juncus gracillimus*
			乳头灯心草 *Juncus papillosus*
	鸢尾科 Iridaceae	2	溪荪 *Iris nertschinskia*
	茨藻科 Najadaceae	2	东方茨藻 *Najas orientalis*
	花蔺科 Butomaceae	2	花蔺 *Butomus umbellatus*

二、种类组成特点

图们江两岸水生维管植物匮乏，水生维管植物主要分布于图们江流域河流型、湖泊型和沼泽型的湿地。图们江及布尔哈通河、嘎呀河、海兰河、珲春河等支流湿地，主要分布在熔岩台地、河流阶地、河漫滩和宽浅的沟谷之中。如嘎呀河上游汪清天桥岭泥炭沼泽面积近 100 hm^2，主要分布在河漫滩上。安图亮兵沼泽发育在布尔哈通河上游区的沟谷中。下游的珲春河平原和敬信盆地，湿地分布集中连片，类型多样，既有湖泊湿地，也有沼泽湿地。其中，珲春河冲积平原的湿地大部分已被改造，敬信湿地保留原生状态的比例相对较大。

从植物相似性的角度分析图们江流域上、中、下游湿地植物的组成结构情况，在科的层面上，中游和下游的相似性最高，上游和中游的相似性次之，上游和下游最低。在属的层面上中游和下游的相似性也是最高，上游和中游的相似性次之，上游和下游最低。图们江流域上、中、下游湿地植物科、属在相似性方面具有相同的变化趋势。

从图们江流域上、中、下游湿地植物多样性的变化规律发现：图们江流域上游到下游海拔跨度 1 000 m 以上，物种丰富度从上到下呈现波动上升趋势，物种种类由少到多，优势度和多样性指数呈略微波动上升趋势，均匀度指数变化不明显。在上游圆池湖泊湿地、中游哈尔巴岭湖泊湿地中，物种丰富度、优势度、多样性、均匀度到达最低点，而在上游广坪沼泽化草甸湿地、中游亮兵沼泽化草甸湿地则表现出较高物种丰富度和多样性；上游圆池湖泊湿地向灌丛湿地过渡、中游哈尔巴岭湖泊湿地向草甸沼泽湿地过渡中，均表现了物种和多样性指标由低到高的递增趋势。图们江下游湿地面积最大，其湖泊的成因类型主要有两种：一种是因海岸退却和河流摆荡形成的残留湖，如敬信盆地中面积大小不一的泡沼，其中一部分为天然湖泊，而六道泡子到九道泡子通过改造连成一体，形成面积较大的半人工水库；另一种是构造湖，如沙草风湖，其主要植被类型有挺水植物群落和浮叶植物群落。大型挺水植物分布在较为宽浅的湖泡滨岸地带，主要植物群落有菰、芦苇和香蒲。在沙草风湖的深水地带有莲群落，水深 1.5～2.0 m。浮叶植物群落主要有莲叶荇菜、菱（刘玉辉等，2004）。

从整体来看，图们江流域上、中、下游不同湿地类型中沼泽化草甸湿地物种最为丰富，表现出较高的多样性。

◇◇ **参考文献**

崔保山，杨志峰，2001. 吉林省典型湿地资源效益评价研究 [J]. 资源科学，23（3）：

55 - 61.

何池全，崔保山，赵志春，2001. 吉林省典型湿地生态评价 [J]. 应用生态学报，12（5）：754 - 756.

霍堂斌，王野，栗铁柱，等，2015. 鸭绿江与图们江流域大型底栖动物群落结构的比较研究 [J]. 大连海洋大学学报，30（4）：398 - 404.

刘保元，王士达，王永明，等，1981. 利用底栖动物评价图们江污染的研究 [J]. 环境科学学报，1（4）：337 - 348.

刘玉辉，李辉，王杰，等，2004. 图们江流域湿地空间格局变化与保护 [J]. 吉林林业科技，33（3）：21 - 24.

王娓，杨淑华，边红枫，2002. 中国图们江流域生物多样性现状及其评价 [J]. 中国环境管理，21（2）：28 - 29.

薛建华，薛志青，王日新，等，2016. 黑龙江和图们江流域菱属（*Trapa*）植物分布格局及形态多样性 [J]. 植物科学学报，34（4）：506 - 520.

于丹，1996. 东北水生植物区划 [J]. 水生生物学报，20（4）：322 - 331.

第七章
图们江流域内水生生态保护措施

第一节　增殖放流

水生生物增殖放流是国内外公认的养护水生生物资源最直接、最有效的手段之一。我国水生生物增殖放流历史悠久。早在 10 世纪末就有从长江捕捞"四大家鱼"野生种苗放流湖泊生长的文字记载，但真正意义上的大规模水生生物增殖放流工作始于 20 世纪 50 年代末，我国增殖放流起步相对较晚。2005 年以来，我国开展了全国性、大规模的水生生物资源增殖放流行动，初步形成了政府主导、各界支持、群众参与的良好社会氛围。目前，我国是世界上增殖放流资金投入最多，放流规模最大，社会支持度、参与度最广泛，放流效果最显著的国家之一（涂忠等，2016）。

2003 年农业部印发了《关于加强渔业资源增殖放流活动工作的通知》；2006 年国务院颁布《中国水生生物资源养护行动纲要》；2008 年党的十七届三中全会决议首次提出"加强水生生物资源养护，加大增殖放流力度"；2009 年农业部颁布实施了《水生生物增殖放流管理规定》；2013 年《国务院关于促进海洋渔业持续健康发展的若干意见》（国发〔2013〕11 号）提出，要"加大渔业资源增殖放流力度"；2015 年《中共中央　国务院关于加快推进生态文明建设的意见》明确要求"加强水生生物保护，开展重要水域增殖放流活动"；在党的十八届五中全会上，生态文明建设首次纳入国民经济和社会发展五年规划，增殖放流事业迎来了前所未有的发展机遇（涂忠等，2016）。"十三五"期间，全国水生生物增殖放流工作深入持续开展，放流规模和社会影响不断扩大，累计放流各类水生生物1 900多亿尾，产生了良好的生态效益、经济效益和社会效益。为做好"十四五"水生生物增殖放流工作，科学养护和合理利用水生生物资源，加强水生生物多样性保护，提升水生生物资源养护管理水平，2020年《农业农村部关于做好"十四五"水生生物增殖放流工作的指导意见》（农渔发〔2022〕1号）提出"到2025年，增殖放流水生生物数量保持在1 500亿尾左右，逐步构建'区域特色鲜明、目标定位清晰、布局科学合理、管理规范有序'的增殖放流苗种供应体系；增殖放流成效进一步扩大，成为恢复渔业资源、保护珍贵濒危物种、改善生态环境、促进渔民增收的重要举措和关键抓手。"

早在20世纪60年代，我国就开展了大麻哈鱼的增殖放流工作。近年来，吉林省地市各级渔业行政主管部门通过增殖放流活动、水生生物资源宣传进社区进学校、播放增殖放流公益广告、张贴增殖放流宣传画、发放增殖放流宣传手册等方式，大力普及增殖放流常识，宣传增殖放流工作成效，社会各界参与广泛、反响良好，"养护水生生物资源，共建生态文明家园"渐成图们江下游全民共识和自觉行动。据统计，2007年至今，图们江流域累计放流大麻哈鱼750万尾、细鳞鲑28万尾、马苏大麻哈鱼（陆封型）7万尾、花羔红点鲑9万尾、滩头鱼3 580万尾。经多年不懈努力，图们江水生生物资源衰退得到初步遏制，主要经济鱼类资源有所恢复，但珍稀濒危及重要鱼类资源量仍未恢复到历史较好水平，图们江水生生物资源保护与增殖工作任重道远。

第二节　水生生物重要栖息地保护

水生生物资源是宝贵的自然财富，也是人类生产生活的重要物质基础，具有重要的科学、生态和经济价值，为人类的生存与发展、文明与进步提供了广阔空间。加强不同类别水生生物保护区的建设，对水生生物资源、水域生态系统和水生生物湿地等自然资源和生态系统实行科学、有效的保护，是养护水生生物资源，落实科学发展的具体体现。水生自然保护区的建设对于保护水域生态环境和生物多样性，促进渔业可持续发展、维护生态安全具有十分重要的意义（樊祥国，2011）。

　　早在 20 世纪 70 年代末，我国就开始了水生生物资源保护工作。1979年，国务院颁布了《水产资源繁殖保护条例》；1986 年颁布、2000 年修订的《渔业法》，对水产种质资源保护区建设进行了规定；1988 年颁布实施的《野生动物保护法》，明确规定在国家和地方重点保护野生动物的主要生息繁衍地区和水域，划定自然保护区；1994 年，国务院颁布了《自然保护区条例》，使自然保护区建设纳入法制化，规范化轨道；1997 年，农业部发布了《水生动植物自然保护区管理办法》，对水生动植物自然保护区建设进行了具体规定；2006 年 2 月，国务院颁布《中国水生生物资源养护行动纲要》，在系统总结我国水生生物资源养护工作经验教训基础上，吸收借鉴国外先进的管理理念和措施，结合我国国情和新时期水生生物资源养护工作要求，从国家层面和战略高度提出了我国水生生物资源养护工作的指导思想、基本原则、奋斗目标以及需要开展的重大行动和保障措施，为水生生物自然保护建设工作指明了方向（樊祥国，2011）。2017年，《农业部关于公布率先全面禁捕长江流域水生生物保护区名录的通告》（农业部通告〔2017〕6 号）公布了长江上游珍稀特有鱼类国家级自然保护区等 332 个自然保护区和水产种质资源保护区，自 2020 年 1 月 1 日 0时起，全面禁止生产性捕捞；2018 年，为进一步强化和提升长江水生生物资源保护和水域生态修复工作，国务院办公厅印发《关于加强长江水生生物保护工作的意见》；2021 年 1 月 1 日起，长江将实行"十年禁渔"；2021 年，中共中央办公厅、国务院办公厅印发《关于进一步加强生物多样性保护的意见》；2021 年，农业农村部发布《长江水生生物保护管理规定》（农业农村部令〔2021〕5 号），旨在加强长江流域水生生物保护和管理，维护生物多样性，保障流域生态安全；为进一步加强黄河流域水生生物资源养护，2022 年，农业农村部印发《农业农村部关于进一步加强黄河流域水生生物资源养护工作的通知》（农渔发〔2022〕5 号）。目前，国际社会普遍认识到生物多样性保护的重要性，把推动生物多样性主流化作为推进生物多样性保护最重要、最有效的手段之一，强调要将生物多样性纳入各国政府的政治、经济、社会、军事、文化及生态环境保护、自然资源管理等发展建设的主流。

长期以来，在各级政府的重视和社会各界的大力支持下，经过各级渔业行政主管部门的共同努力，我国水生生物自然保护区事业得到了较快发展。目前，全国已建立水生生物自然保护区 200 多个，其中国家级 16 个、省级 56 个、市（县）级 130 多个；国家级水产种质资源保护区 535 个。初步构建了分布广泛、类型多样的水生生物保护区网络，取得了良好的生态效益和社会效益。

为加强图们江流域水生生物栖息地保护，目前，吉林省已在珍稀濒危、洄游性鱼类重要栖息地建设 3 处国家级水产种质资源保护区。2007年，密江河大麻哈鱼国家级水产种质资源保护区经农业部批准建立，保护区总面积 43.75 km²，区划为 2 个核心区 1 个实验区，其中核心区总面积为 20.8 km²，占整个保护区面积的 31.5%，实验区面积为 45.3 km²。核心区特别保护期为 4—10 月，主要保护对象为洄游性鱼类大麻哈鱼、马苏大麻哈鱼、驼背大麻哈鱼、日本七鳃鳗、三块鱼。2008 年起，为进一步加强保护，对密江河实施了全河禁捕。2008 年，珲春河大麻哈鱼国家级水产种质资源保护区经农业部批准建立，总面积 43.75 km²，其中核心区面积为 10.94 km²，实验区面积为 32.81 km²。核心区特别保护期为 4—10月，主要保护对象为洄游性鱼类大麻哈鱼、马苏大麻哈鱼、驼背大麻哈鱼、日本七鳃鳗，三块鱼等。2014 年，和龙红旗河马苏大麻哈鱼（陆封型）国家级水产种质资源保护区经农业部批准建立，保护区总面积 20 km²，核心区面积 17.30 km²，占保护区的 86.5%，核心区保护期为全年，主要保护对象为马苏大麻哈鱼（陆封型）、花羔红点鲑、细鳞鲑。3 个国家级水产种质资源保护区的建立对细鳞鲑、花羔红点鲑和马苏大麻哈鱼（陆封型）等珍稀冷水性鱼类及马苏大麻哈鱼、大麻哈鱼、三块鱼、珠星三块鱼和日本七鳃鳗等洄游性鱼类资源及其栖息保护起到了积极作用。

第三节 过鱼道建设

拦河水利水电工程的建设和运行，在促进社会经济可持续发展、保障国家能源安全方面发挥了巨大作用，虽然解决了很多民生问题，但不可否认的是，其对河流生态环境也产生了一定的负面影响（Ovidio et al.，2002），导致了江河阻隔，造成上下游水文情势的改变、水生生境的改变和河流连通性的降低，进而导致生物多样性下降。随着水坝建设负面影响的日益显现和人们生态环保意识的增强，河流连通性恢复已成为水利水电工程发展的必然趋势（曹晓红等，2013）。为缓解拦河水利工程建设带来的不利影响，修筑鱼道等过鱼设施已成为河流连通性恢复的重要措施之一。鱼道作为一种生态工程措施，可以保持河流的纵向连续性，满足鱼类生长繁衍的洄游需要（龚丽等，2015）。鱼道包括仿自然旁通道、池式鱼道、竖缝式鱼道、丹尼尔式鱼道、鳗鲡梯、鱼闸、升鱼机等（白音包力皋，2009）。仿自然旁通道模拟了自然河流形态和结构，除了能够实现上溯、下行多目标过鱼外，还具有较好的生态廊道功能，从而维持上下游河流的连通性和连续性，确保河流生态系统的完整性，是近年来受到高度重视的河流连通性恢复措施（曹晓红等，2013；欧昌雪等，2018）。

国外鱼道的主要过鱼对象为具有较高经济价值的洄游性鲑科鱼类。世界上最早修建的鱼道是 17 世纪法国建设的简单鱼道。此后，作为缓解鱼类洄游受阻的重要措施，过鱼设施得到了全面发展，鱼道、集运渔船区下行过鱼设施的技术和工艺也不断改建和完善。从统计资料看，大多数鱼道提升高度都在 60 m 以下，但世界上水头最高和最长的鱼道——巴西巴拉那河上的伊泰普水电站的鱼道，实际爬升高度约 120 m，全长达 10 km，建成于 2002 年底，该鱼道每年可帮助 40 多种鱼洄游产卵，是已建工程补建鱼道的典型案例。作为河流连通性恢复的重要手段，鱼道逐步从应用在单个工程或局部连通性恢复上，到应用在河流、流域甚至多国合作的河流连通性恢复上，如 1999 年美国启动的国家鱼道计划，莱茵河流域各国制订并正在实施的鲑鱼行动计划等（Komora et al.，1996；曹庆磊等，2010；孙双科等，2012；方真珠等，2012；曹晓红等，2013；孙东坡等，2016）。

国内鱼道的主要过鱼对象一般为珍稀濒危鱼类、洄游性鱼类、鲤科鱼类和虾蟹幼苗等。自 1958 年建设富春江七里垄水电站时首次提出设计鱼道以来，我国过鱼设施建设逐步得到了发展。据不完全统计，20 世纪 80 年代以前，我国共建过鱼设施 40 座以上，主要为结构型鱼道，且大多位于东部沿海、长江下游沿江平原地区的低水头水坝。其中，1980 年湖南洋塘鱼道的建成，把我国的鱼道设计和研究向前推进了一大步。进入 21 世纪以来，随着我国水利水电开发加快和生态保护的需要，鱼道研究和建设工作得以快速发展，有力地促进了过鱼设施的规划设计、建设和相关技术研究的多方面发展（陈凯麒等，2012）。

图们江流域建设的第一座鱼道是位于珲春市的珲春河老龙口水利枢纽鱼道。鱼道采用垂直竖缝式鱼道。鱼道长度 532.5 m，设计过鱼能力上溯 7 000 尾/d、降海 50 000 尾/d。鱼道工程与主体工程同时建成并投入使用，鱼道工程观测设备 2011 年 10 月末完成安装和调试工作。下游哈达门拦河坝和杨泡拦河坝均增建了垂直竖缝式鱼道，总长度分别为 61.6 米、91.4 米，设计过鱼能力均为上溯 4 000 尾/d、降海 20 000 尾/d。鱼道运行时间确定为每年的 4—6 月和 9 月。

第四节　渔业资源养护与管理

渔业资源是一种可再生资源，具有自行繁殖的能力。通过种群的繁殖、发育和生长，资源不断更新，种群数量不断获得补充，并通过一定的自我调节能力使种群的数量达到平衡。如果有适宜的环境条件，且人类开发利用合理，渔业资源可世代繁衍，持续为人类提供高质量的食物（胡学东，2008）。同时，丰富多样的渔业资源也是重要的生态景观，可以创造巨大的生态效益和环境效益，促进人与生态环境的和谐发展，是建设人类生态文明的重要组成部分。为养护图们江水域生态环境，保护大麻哈鱼、三块鱼等重要水生生物，早在 20 世纪 60 年代，吉林省就在延吉地区建立了图们江边境渔政站。近年来，图们江流域通过严格实施禁渔期制度，围绕渔业转型升级，积极开展系列专项执法行动，为全面推动图们渔业高质量发展和渔业水域生态文明建设提供了有力支撑。

（一）划定禁渔期

（1）禁渔范围　图们江干流及其所属的支流、水库、湖泊、水泡等水域。

（2）禁渔时间　图们江干流：5月16日12时至6月25日12时；10月1日12时至10月31日12时。其他水域：5月16日12时至7月31日12时。

（3）禁止作业类型　除娱乐性垂钓之外的所有作业方式。

（二）划定禁渔区

为进一步加强洄游性鱼类和珍稀冷水性鱼类保护，2008年起，将密江河划为禁渔区，实施全河禁捕。

（三）维护渔业秩序

近年来，吉林省农业农村厅渔业渔政管理局持续加强与中朝边境管理部门沟通协调，共同维护边境稳定。加快构建合作机制，精准打击违法行为；加强与公安、乡镇政府、电视台等部门合作力度，逐步完善联合执法、行刑衔接、情报信息共享等执法协作机制；不定期组织开展渔政执法联合行动，发挥部门职能作用通力协作，提高执法检查效率，为图们渔业资源保护保驾护航。与全体渔民签订《图们江干流涉边渔业安全承诺书》，确保禁渔期渔民不下江捕鱼，不发生危险事故。加强宣传渔业法律法规，在延边信息港、《延边日报》等媒体、自媒体发布禁渔通告，在所有渔业作业区张贴禁渔通告，沿江悬挂宣传牌、渔业宣传条幅、发放宣传单。

（四）严格执法检查

通过持续开展"中国渔政亮剑"系列专项执法行动，重拳整治渔业违法违规行为。每年分别于5月和10月，组织延边州渔政机构及8个县（市）农业执法机构联合开展"中国渔政亮剑"启动仪式暨图们江边境水域专项执法行动，以图们江干流为重点，沿图们江最下游防川至最上游圆池，开展专项执法检查。

（五）强化渔业安全管理

举办渔民安全生产培训班，每年重点对图们江干流近百名渔民讲授重点水生野生保护动物保护、渔业船员管理、安全生产、消防、救生、渔业互保及公安边防管理法律法规等相关知识。联合海事部门开展安全生产检查，核查渔船救生衣、灭火器等安全设施配备情况，确保渔船安全配置达标。积极推进渔业互保工作，组织渔民参加"渔民人身平安互助保险"，为渔民办理"互助险"，增强渔民抵御风险能力。与公安边境管理机构协商解决渔业船舶的船名悬挂合理管理方法，拟定渔业船舶号牌名册，免费为渔民订制渔业船舶号牌。

（六）图们江冷水鱼种质资源场建设

为大幅提高图们江珍稀冷水性鱼类的人工保育群体数量，为珍稀冷水性鱼类的野化训练、放流、自然种群修复重建奠定基础，各部门积极推进图们江冷水鱼种质资源场建设。目前，项目已获农业农村部批复，正在积极推进，利用渔业发展支持政策资金，扩大大麻哈鱼放流规模，积极巩固我国鱼源国地位。

◇ 参考文献

曹庆磊，杨文俊，周良景，2010. 国内外过鱼设施研究综述 [J]. 江科学院院报，27（5）：39-43.

陈凯麒，常仲农，曹晓红，等，2012. 我国鱼道的建设现状与展望 [J]. 水利学报，43（2）：182-188，197.

樊祥国，2011. 加强水生生物保护区建设　促进人与自然和谐发展 [J]. 人与生物圈（3）：26-27.

方真珠，潘文斌，赵扬，2012. 生态型鱼道设计的原理和方法综述 [J]. 能源与环境（4）：84-86.

龚丽，吴一红，白音包力皋，等，2015. 草鱼幼鱼游泳能力及游泳行为试验研究 [J]. 中国水利水电科学研究院学报，13（3）：211-216.

胡学东，2008. 我国渔船管理中存在的问题及其解决途径 [J]. 中国渔业经济，26（5）：5-11.

欧昌雪，张羽，王二平，等，2018. 面向鱼道设计的模型鱼洄游特征流速试验研究 [J]. 中国农村水利水电（10）：69-72，76.

孙东坡，何胜男，王鹏涛，等，2016. 明槽式鱼道进流口区水流特性及改善措施 [J]. 水利水电技术，47（4）：58-62.

孙双科，张国强，2012. 环境友好的近自然型鱼道 [J]. 中国水利水电科学研究院学报，10（1）：41-47.

涂忠，罗刚，杨文波，等，2016. 我国开展水生生物增殖放流工作的回顾与思考 [J]. 中国水产 (11)：36 - 41.

Ovidio M，Philippart J C，2002. The impact of small physical obstacles on upstream movements of six species of fish [J]. Hydrobiologia，483 (1 - 3)：55 - 69.

第八章

图们江水生生态保护对策与建议

第一节 水生生态保护原则与布局

图们江流域鱼类的分布具有明显的区域特点，除了银鲫、黑龙江花鳅、黑龙江鳑鲏、棒花鱼等少数鱼类基本上在全流域有分布外，其他种类的分布具有一定的区系特点。北方山区鱼类、邻极鱼类和北方平原复合体鱼类如细鳞鲑、花羔红点鲑等北方冷水性鱼类一般分布在密江、珲春河及白金电站以上河段，而北方平原复合体和江河平原鱼类鮈亚科、塘鳢科等主要分布在各主要支流及干流的下游。

鱼类的分布范围与其生态习性，尤其是对水温的适应性密切相关：①花羔红点鲑、细鳞鲑和杂色杜父鱼等典型北方冷水性鱼类，栖息水温一般不超过 18 ℃，繁殖水温更低，主要分布于密江河、珲春河及白金电站以上河段；②大麻哈鱼、马苏大麻哈鱼和三块鱼等洄游性鱼类，繁殖期集中上溯，主要分布于图们江下游、密江河和珲春河；③鲅属和北方须鳅等鱼类栖息生境偏冷水性，分布范围较广，以上中游为主，中下游亦有分布；④鲤、银鲫、黑龙江鳑鲏、黑龙江花鳅等适应能力强，能耐低温，分布范围广，全流域皆有分布；⑤棒花鱼、鮈属、黄颡鱼属等以北方平原复合体为主的鱼类，其耐低温能力相对较差，主要分布在图们江中下游；⑥葛氏鲈塘鳢、虾虎鱼等热带平原类群鱼类，其生长繁殖要求水温较高，主要分布在图们江下游。

从产卵特征上看，图们江鱼类主要为产黏性卵鱼类，产卵期要求有涨水过程刺激，涨幅不能过大，水位要基本稳定。冷水性产沉黏性卵鱼类，

172

如细鳞鲑、花羔红点鲑、鮡属、杂色杜父鱼等产卵期在4—5月；温水性产黏性卵鱼类，如鲤、银鲫等鱼类产卵期主要在6—7月。

根据流域水生生境现状及鱼类资源分布情况，图们江干流嘎呀河口以下河段、密江河等主要干支流现状水生生境条件基本可满足大麻哈鱼、三块鱼、马苏大麻哈鱼和日本七鳃鳗等溯河洄游性鱼类、冷水性鱼类洄游及生活史完成需求，具有保护价值，为优先保护河段，应严格限制截流拦河工程建设，保证鱼类洄游通道连通性。图们江干流白金电站以上河段、红旗河干支流现状连通性较好，是流域内珍稀濒危冷水性鱼类产卵场的重要分布区，应避免建设拦河水利工程。受人为因素影响，嘎呀河、布尔哈通河、海兰河及主要支流水生生境遭到破坏，鱼类洄游通道受阻，需逐渐开展水生生境保护及恢复工作，以保护流域水生生态系统多样性及可持续发展。

根据流域重要水生生物物种资源现状，笔者提出图们江流域水生生态保护对策的总体规划布局，详见表8-1。

表8-1 图们江水生生态保护对策的总体规划布局

保护河段	保护目标	保护措施
图们江干流白金电站以上河段、红旗河	细鳞鲑、花羔红点鲑、东北七鳃鳗、雷氏七鳃鳗等珍稀冷水性鱼类产卵场、索饵场、洄游通道及其生境	设为重点保护水域，禁止开发，开展珍稀冷水性鱼类增殖放流，恢复保护鱼类种群数量
珲春河老龙口水利枢纽以上河段及支流	细鳞鲑、花羔红点鲑、雷氏七鳃鳗等珍稀冷水性鱼类产卵场、索饵场、洄游通道及其生境	设为重点保护水域，开展珍稀冷水性鱼类增殖放流，恢复保护鱼类种群数量
密江河、图们江干流嘎呀河以下江段	细鳞鲑、花羔红点鲑、马苏大麻哈鱼、大麻哈鱼等鱼类产卵场、索饵场、洄游通道及其生境	设为重点保护水域，禁止开发，同时陆续开展洄游性鱼类及珍稀冷水性鱼类增殖放流，恢复保护鱼类种群数量
珲春河老龙口水利枢纽以下河段干支流	土著鱼类多样性	设为保留水域，为栖息地修复与重建预留水域

　　流域水生生态保护措施的主体思路为：密江河、上游白金电站以上河段，包括红旗河，以栖息地保护为主，适当进行增殖放流以恢复鱼类资源；下游河段采取增殖放流、生态修复为主，同时优化流域水库调度，保障下游的生态流量。

　　结合流域鱼类的生物学特征，提出了栖息地保护、增殖放流、过鱼设施、科学研究和渔政管理等措施，流域措施体系如表8-2所示。

表8-2　图们江流域鱼类保护措施体系

序号	措施名称		保护对象	主要作用
1	增殖放流	增加流域苗种繁育基地能力建设	细鳞鲑、花羔红点鲑、马苏大麻哈鱼（陆封型）	补充鱼类种群数量，恢复鱼类资源
			大麻哈鱼、三块鱼、马苏大麻哈鱼	
2	过鱼设施	鱼道	主要过鱼对象：细鳞鲑、花羔红点鲑、马苏大麻哈鱼（陆封型）	减轻阻隔影响，促进鱼类种群基因交流
3	栖息地保护与修复	加强重要栖息地保护	主要保护对象（珍稀冷水性鱼类）：细鳞鲑、花羔红点鲑、雷氏七鳃鳗、东北七鳃鳗，其他保护物种包括图们江雅罗鱼、图们中鮈等	保护鱼类生境，保护鱼类资源
		白金电站到达使用寿命后，拆除坝址	主要保护对象（洄游性鱼类）：大麻哈鱼、马苏大麻哈鱼、三块鱼、珠星三块鱼、马苏大麻哈鱼（陆封型）	恢复鱼类洄游性通道
		湿地保护与人工湿地建设	鲤、鲫等产黏性卵鱼类	恢复鱼类资源
		产黏性卵鱼类产卵场修复	鲤、鲫等产黏性卵鱼类	恢复鱼类资源
4	拦鱼设施	建设拦鱼设施	水库库区鱼类	减少库区鱼类资源流失，防范受水区鱼类入侵

（续）

序号	措施名称		保护对象	主要作用
5	科学研究	鱼类人工繁殖技术	雷氏七鳃鳗、日本七鳃鳗等	研究物种生态学、生物学和人工繁殖等，为鱼类增殖放流提供技术支撑
		集鱼技术、鱼道下行问题研究	主要过鱼对象：细鳞鲑、花羔红点鲑、马苏大麻哈鱼（陆封型）	减轻阻隔影响，提供技术支撑
		珍稀冷水性鱼类栖息地修复基础研究	细鳞鲑、花羔红点鲑、马苏大麻哈鱼（陆封型）等	减轻栖息地萎缩、片段化的影响，为珍稀物种种群恢复提供技术支撑
6	渔政管理	宣传、加强渔政管理	大麻哈鱼、马苏大麻哈鱼、三块鱼、花羔红点鲑、细鳞鲑等	加强管理，保护鱼类资源及重要生境

第二节　栖息地保护

一、栖息地保护措施

图们江冷水性及喜冷水性鱼类共有 4 目 6 科 20 种，是冷水性及喜冷水性鱼类的主要分布区，有必要对图们江冷水性鱼重要栖息地，尤其是洄游性、珍稀冷水性鱼类"三场一通道"加强保护。栖息地保护是保护鱼类自然资源最有效措施。由于图们江流域内温水性鱼类均为我国或东北地区广布或常见物种，所以该流域应以珍稀、濒危鱼类的产卵场、索饵场、越冬场和洄游通道为主要保护目标，将有价值的重要生境保护起来，以保护水生生态系统内生物的繁衍与进化，维持系统内的物质能量流动与生态过程。建议将红旗河、图们江干流白金电站以上河段、密江河、珲春河老龙口水利枢纽以上河段及支流作为流域重点保护区域禁止开发。

二、生境恢复及改善

建议采取以下几方面措施修复及改善河流生境：①联合相关部门，采取积极有效措施，解决河道沿岸垃圾和空农药瓶随意堆放问题；②联合电站主管部门，采取有效措施对老龙口水利枢纽、哈达门水电站、红旗河水电站和图鲁水电站在鱼类繁殖期完善联合调度机制；③白金电站到达使用寿命后，建议拆除坝址，保障图们江干流鱼类洄游通道畅通，为大麻哈鱼等洄游性鱼类上溯至红旗河提供条件；④选择适宜干流河段，在鱼类繁殖期增设人工鱼巢。

三、优化珲春河鱼道联合运行方案

珲春河主要的洄游物种有马苏大麻哈鱼、大麻哈鱼、驼背大麻哈鱼和日本七鳃鳗鱼等。马苏大麻哈鱼、大麻哈鱼、驼背大麻哈鱼主要集中在每年的8—10月洄游到水库上游的四道沟河、西北沟河和春化一带产卵。日本七鳃鳗鱼主要集中在每年的4—6月洄游到四道沟河、春化等河段产卵。珲春河上老龙口水利枢纽工程及下游哈达门、杨泡分别修建3座配套的鱼类洄游通道，其中老龙口水利枢纽鱼道工程是吉林省内最大规模的过鱼设施。

老龙口鱼道闸门具体开启情况为：当水库水位在106.1 m高程以上时，开启1号出鱼口闸门放流；当水库水位位于106.1～103.8 m时，开启2号闸门放流；当水库水位低于103.8 m时，开启3号闸门放流（梅峰顺等，2012）。大麻哈鱼等鱼类洄游期，需优化珲春河鱼道联合运行方案，对上下游过鱼通道要定期进行检修，保证设施完好，要做到上下一致、步调相同，为鱼类产卵提供水力学条件，以保证整个珲春河过鱼设施的连通性。

第三节 增殖放流

一、放流种类

由于不同种类鱼类的分布、资源量、生活史特点不同，对工程影响的敏感性存在很大的差异，因此受影响的程度不尽相同。综合考虑鱼类受工程影响的大小，是否被列入国家级保护动物，是否被列入《中国濒危动物红皮书·鱼类》或《中国物种红色名录》，是否是流域特有土著种等因素，同时考虑物种目前规划繁育情况，确定规划实施增殖放流优先考虑6种鱼类，即细鳞鲑、大麻哈鱼、马苏大麻哈鱼（包括陆封型）、三块鱼、珠星三块鱼、花羔红点鲑。图们江为三国界河，应积极通过有关部门联系开展国际科技合作，共同促进渔业资源的增殖。

根据图们江流域自然环境以及鱼类水域的分布情况，建议在图们江密江河段投放大麻哈鱼、马苏大麻哈鱼、三块鱼、珠星三块鱼等鱼苗，并在红旗河、太平沟水利枢纽等上游投放细鳞鲑、花羔红点鲑、马苏大麻哈鱼（陆封型）等鱼苗。同时，在珲春河老龙口以上河段开展调查研究及生态修复工作，在条件允许情况下，开展细鳞鲑、花羔红点鲑、马苏大麻哈鱼（陆封型）等鱼苗增殖放流（表8-3）。

表8-3　图们江流域增殖放流优先考虑鱼类

时期	种类	保护等级/濒危程度	是否是冷水性鱼类	存在问题
近期	细鳞鲑	濒危	是	生境减少
	花羔红点鲑		是	生境减少
	大麻哈鱼		是	生境减少
	马苏大麻哈鱼		是	生境减少
	三块鱼		是	生境减少
	珠星三块鱼		是	生境减少
远期	日本七鳃鳗	II	是	生境减少
	东北七鳃鳗	II	是	生境减少
	雷氏七鳃鳗	II	是	生境减少

二、增殖放流站布局与选址

根据目前图们江流域增殖放流站位置、规模分析，认为图们江流域现有增殖放流站能够满足增殖放流的需要，建议增殖放流优先考虑现有增殖站外购鱼苗，或对现有苗种繁育基地进行扩建。吉林省延边州大麻哈鱼水产良种场可为图们江干流提供放流鱼苗，和龙市青龙渔业有限公司可为红旗河等水域提供冷水性鱼类放流鱼苗。远期如再建设增殖放流站，选址应遵循以下原则：地势平坦开阔，土质适宜不渗漏，交通便利，水源充足并符合国家《渔业水质标准》（GB 11607—1989），远离工厂、农田、生活污水等污染源；电力设施齐备；便于投资方管理，水位利于人为控制。同时聘请有资质的单位完成增殖放流站的相关设计。

第四节　鱼类其他保护措施

一、加强渔业管理

1. 加强渔政队伍建设

建议流域内各县市渔政部门建立健全渔政管理机构，加强渔政队伍及其能力建设，提高渔政部门的执法能力和力度；建立健全渔政、公安、边防联合执法机制；加强鱼类资源保护宣传，严格执法。

2. 严格执行禁渔期和禁渔区制度

为了保护鱼类能够顺利完成生命过程，在鱼类集群产卵容易捕捞的时段和河段禁止捕鱼。将鱼类重要栖息地划定为禁渔区，禁渔区内禁止任何形式的渔业活动；将鱼类易捕和重要时段设为禁渔期，禁渔期间整个水域均为禁渔区，特别是鱼类比较集中的河段。规划工程实施后，鱼类适宜的栖息地和重要生境萎缩，鱼类相对集中，严格执行禁渔期和禁渔区制度，对保护鱼类资源有重要意义。

3. 加强渔业管理

限制渔具、渔法、渔具类型及其规格，保证幼鱼不被捕起。某些渔法如电鱼、炸鱼、毒鱼等，对鱼类资源的破坏往往是毁灭性的，必须严格禁止。同时，应加强水污染防治，杜绝水污染事件的发生，保证鱼类良好的生活环境。

二、湿地保护与人工湿地建设

图们江流域降水的季节分配和年度分配不均匀，天然和人工湿地可以储存来自降雨、河流过多的水量，从而避免发生洪水灾害，保证工农业生产有稳定的水源供给，湿地在控制洪水、调节水流方面功能十分显著。湿地在蓄水、调节河川径流、补给地下水和维持区域水平衡中发挥着重要作用，是蓄水防洪的天然"海绵"。湿地是生物多样性丰富的重要地区和濒危鸟类、迁徙候鸟以及其他野生动物的栖息繁殖地，在维持区域生物多样性方面作用显著，同时还具有调节区域气候等作用（刘玉辉等，2004）。

从流域整体生态效益出发，注重湿地流域生态功能的维护是生态环境建设的关键。应当遵循湿地生态系统本身固有的生态规律，加强自然湿地的保护，适当改变现行湿地土地利用的方式，在利用湿地资源的同时，兼顾生物多样性保护（刘玉辉等，2004）。重点保护河源区湿地，河源区和上游的湿地保护对整个流域的生态环境保护具有重要作用，充分发挥社区共管作用，采取多样化的保护方式，加强河源区湿地保护力度。加强图们江下游湿地保护，图们江下游湿地分布集中，具有重要的生物多样性功能。特别是敬信盆地，是丹顶鹤和白尾海雕等珍稀水禽的栖息地，应当加强自然保护区的管理，对于现有的原始状态的湿地应给予充分的保护。同时，流域根据生态环境保护的目标，逐步开展退耕还湿工程，一些经过排水等工程措施改沼育林的区域，在灌区退水口附近建设人工湿地与生态沟渠等净化工程，有效控制灌区退水污染。

三、开展科学研究

针对流域水生态系统存在的问题，应重视相关的研究工作。采用野外调查监测、实验生态学及模型分析等方法，开展相关科学研究，从而有效保护流域生态环境和鱼类资源。主要研究内容包括：①开展保护鱼类人工繁殖及放流技术研究，联合高校、科研、增殖放流站等相关单位，开展雷氏七鳃鳗、日本七鳃鳗等物种生态学、生物学和人工繁殖研究，为未来物种增殖放流提供技术支撑。②开展过鱼效果基础研究，加强多学科间的合作研究。根据过鱼对象生物学特性，开展过鱼设施的设计、运行与管理等效果评估方法的基础研究，同时加强鱼类下行问题的研究（陈凯麒等，2012）。从管理层面，建立生态调度管理机制，落实鱼道适应性管理，保证鱼道的正常运行与维护。③在湿地蓄水效应、污染物滞留和过滤作用方面加强基础研究，根据流域基本特征，确定科学的湿地空间保护格局。④针对细鳞鲑、花羔红点鲑等珍稀冷水性鱼类栖息地压缩、片段化等问题，开展珍稀冷水性鱼类重要栖息地修复基础研究，为栖息地修复提供技术支撑。

◇ 参考文献

陈凯麒，常仲农，曹晓红，等，2012.我国鱼道的建设现状与展望［J］.水利学报，
　43（2）：182-188，197.

刘玉辉，李辉，王杰，等，2004.图们江流域湿地空间格局变化与保护［J］.吉林林业科
　技，33（3）：21-24.

梅峰顺，王玉华，2012.老龙口水库及下游鱼道联合运行方案探讨［J］.北京农业
　（18）：183.

附　录

附表 1　图们江调查断面分布

水域	调查断面	东经	北纬	海拔（m）
干流	崇善镇	128°59′47.34″	42°05′27.9″	556
	南坪镇	129°12′13.44″	42°15′44.46″	447
	白金	129°24′15.95″	42°26′52.05″	302
	三合镇	129°44′18.3″	42°29′2.28″	217
	香干子沟	130°04′14.88″	42°58′21.54″	72
	沙坨子	130°15′09.72″	42°49′19.10″	55
	防川	130°35′35.88″	42°25′57.6″	10
红旗河	沙金沟	128°46′59.16″	42°21′27.96″	817
	许家洞	128°45′23.13″	42°21′09.30″	811
	苗圃	128°47′41.83″	42°29′29.80″	755
	百里村	128°47′06.11″	42°14′50.94″	718
	百里村下游	128°48′22.53″	42°13′11.47″	713
	石人沟	128°50′53.4″	42°10′58.8″	680
	长森岭	128°44′40.00″	42°10′10.18″	766
	长红林场	128°40′57.48″	42°12′02.01″	807
	红旗河桥	128°58′53.16″	42°05′35.40″	583

（续）

水域	调查断面	东经	北纬	海拔（m）
海兰河	关门	12°01′20.94″	42°36′11.04″	400
	水东	129°27′48.77″	42°43′41.01″	301
	王集坪	129°00′55.59″	42°42′48.64″	393
	松下坪	128°56′40.87″	42°30′11.11″	516
	河东村	129°38′10.70″	43°26′07.79″	237
布尔哈通河	崇山村	128°55′50.64″	43°04′23.16″	338
	老头沟	129°09′22.26″	42°53′38.46″	239
	长安	129°40′23.22″	43°02′28.68″	123
	新建屯	129°53′21.41″	43°18′9.18″	259
嘎呀河	天桥岭	129°38′28.32″	43°34′47.64″	277
	东明阁	129°40′2.16″	43°19′38.34″	209
	302国道大桥	129°46′49.74″	43°00′45.78″	104
	八人沟林场	129°43′57.52″	43°46′18.65″	428
	响水林场	129°46′19.66″	43°43′58.48″	426
	大石林场	129°16′49.92″	43°26′46.15″	408
	仲兴	129°34′11.75″	43°27′02.98″	254
珲春河	塔子沟	130°49′24.84″	42°56′7.62″	133
	三道沟林场	130°43′32.1″	43°04′40.2″	252
	梨树沟	43°09′20.96″	131°03′39.12″	185
	太平沟	43°14′09.04″	131°01′05.92″	237
	兰家趟子	43°18′52.33″	131°09′04.21″	265
	老龙口坝下	130°37′08.63″	42°58′28.42″	79
	杨泡	130°30′47.19″	42°55′49.09″	64
	马川子	130°23′59.70″	42°51′56.52″	36
	珲春桥	130°22′18.35″	42°50′38.06″	33
	珲春河口	130°15′24.66″	42°43′46.97″	16

（续）

水域	调查断面	东经	北纬	海拔（m）
石头河	斐地方	130°2′8.76″	43°2′56.82″	121
密江河	三安村	130°18′33.19″	43°05′57.74″	166
	窑房子	130°12′46.90″	43°04′44.78″	130
	中岗村	130°14′41.16″	43°03′45.45″	114
	下洼村	130°11′30.11″	43°02′33.74″	98
	密江河口	130°08′46.30″	42°59′07.80″	69
依兰河	明朗村	43°15′29.01″	128°59′5.79″	325

附表 2　图们江鱼类名录

目	科	种类	资料来源
七鳃鳗目 Petromyzoniformes	七鳃鳗科 Petromyzontidae	日本七鳃鳗 *Lampetra japonica*	1，2
		东北七鳃鳗 *Lampetra morii*	5
		雷氏七鳃鳗 *Lampetra reissneri*	3
鲑形目 Salmoniformes	鲑科 Salmonidae	大麻哈鱼 *Oncorhynchus keta*	2
		马苏大麻哈鱼（含陆封型）*Oncorhynchus masou*	1，2
		驼背大麻哈鱼 *Oncorhynchus gorbuscha*	2
		花羔红点鲑 *Salvelinus malma*	2
		白斑红点鲑 *Salvelinus leucomaenis*	2
		细鳞鲑 *Brachymystax lenok*	1，2
	胡瓜鱼科 Osmeridae	胡瓜鱼 *Osmerus mordax*	2
鲤形目 Cypriniformes	鲤科 Cyprinidae	真鲅 *Phoxinus phoxinus*	1，2
		图们鲅 *Phoxinus phoxinustumensis*	2
		洛氏鲅 *Rhynchocypris lagowskii*	2
		尖头鲅 *Rhynchocypris oxycephalus*	2
		湖鲅 *Rhynchocypris percnurus*	1，2
		图们雅罗鱼 *Leuciscus waleckiitumensis*	2
		珠星三块鱼 *Tribolodon hakonensis*	2
		三块鱼 *Tribolodon brandti*	2

（续）

目	科	种类	资料来源
鲤形目 Cypriniformes	鲤科 Cyprinidae	马口鱼 *Opsariichthys bidens*	3
		银鲴 *Xenocypris argentea*	1，2
		鳌 *Hemiculter leucisculus*	1，2
		黑龙江鳑鲏 *Rhodeus sericeus*	1，2
		大鳍鱊 *Acheilognathus macropterus*	1，2
		麦穗鱼 *Pseudorasbora parva*	1，2
		图们中鮈 *Mesogobio tumenensis*	2
		大头鮈 *Gobio macrocephalus*	1，2
		棒花鱼 *Abbottina rivularis*	1，2
		鲤 *Cyprinus carpio*	1，2
		鲫 *Carassius auratus*	2
		鳙 *Aristichthys nobilis*	1，2，3
		鲢 *Hypophthalmichthys molitrix*	1，2，3
		草鱼 *Ctenopharyngodon idella*	3
		青鱼 *Mylopharyngodon piceus*	3
	鳅科 Cobitidae	北鳅 *Lefua costata*	2
		北方须鳅 *Barbatula barbatulanuda*	1，3
		黑龙江花鳅 *Cobitis lutheri*	1，2
刺鱼目 Gasterosteiformes	刺鱼科 Gasterosteidae	九棘刺鱼 *Pungitius pungitius*	2
鲇形目 Siluriformes	鲿科 Bagridae	黄颡鱼 *Pelteobagrus fulvidraco*	3
鲉形目 Scorpaeniformes	杜父鱼科 Cottidae	杂色杜父鱼 *Cottus poecilopus*	2
		克氏杜父鱼 *Cottus czerskii*	1，2
		图们江杜父鱼 *Cottus hangiongensis*	4
鲻形目 Mugiliformes	鲻科 Mugilidae	鲻 *Mugil cephalus*	1，2
		鲅 *Liza haematocheila*	2
鲈形目 Perciformes	虾虎鱼科 Gobiidae	黄带克丽虾虎鱼 *Chloea laevis*	1，2
		褐吻虾虎鱼 *Rhinogobius brunneus*	1，2
		暗缟虾虎鱼 *Tridentiger obscurus*	2
	塘鳢科 Eleotridae	葛氏鲈塘鳢 *Perccottus glehni*	1，2

（续）

目	科	种类	资料来源
鳕形目 Gadiformes	鳕科 Gadidae	细身宽突鳕 *Eleginus gracilis*	2
鲀形目 Tetraodontiformes	鲀科 Tetraodontidae	暗纹东方鲀 *Takifugu obscurus*	2

　　注：1.《黑龙江水系（包括辽河和鸭绿江流域）渔业资源调查报告附件二》；2.《东北地区淡水鱼类》；3. 2013—2020 年中国水产科学研究院黑龙江水产研究所调查结果；4.《中国淡水鱼类原色图集》。

附表 3　图们江国家重点保护及濒危鱼类名录

目	科	种类	保护级别	濒危等级
七鳃鳗目	七鳃鳗科	日本七鳃鳗	Ⅱ	LC
		东北七鳃鳗	Ⅱ	VU
		雷氏七鳃鳗	Ⅱ	VU
鲑形目	鲑科	细鳞鲑	Ⅱ	EN
鲤形目	鲤科	珠星三块鱼		VU
		三块鱼		VU

　　注：濒危（Endangered, EN），易危（Vulnerable, VU），无危（Least Concern, LC）。

附表 4　图们江列入吉林省重点保护水生野生动植物名录（第一批）鱼类

目	科	种类
七鳃鳗目	七鳃鳗科	日本七鳃鳗
		东北七鳃鳗
		雷氏七鳃鳗
鲑形目	鲑科	马苏大麻哈鱼（含陆封型）
		驼背大麻哈鱼
		花羔红点鲑
鲤形目	鲤科	图们中鮈

附表 5 优先保护鱼类名录

目	科	种类
七鳃鳗目	七鳃鳗科	日本七鳃鳗
		东北七鳃鳗
		雷氏七鳃鳗
鲑形目	鲑科	大麻哈鱼
		马苏大麻哈鱼（含陆封型）
		驼背大麻哈鱼
		花羔红点鲑
		细鳞鲑
		白斑红点鲑
鲤形目	鲤科	三块鱼
		珠星三块鱼
		图们中鮈

附表 6 图们江浮游植物种类组成

门	种类	
	中文名	拉丁文名
硅藻门 Bacillariophyta	卵形藻	*Cocconeis* sp.
	尖针杆藻	*Synedra acus*
	肘状针杆藻	*Synedra ulna*
	针杆藻	*Synedra* sp.
	尖针杆藻极狭变种	*Snedra acus* var. *angustissima*
	双头针杆藻	*Synedra amphicephala*
	偏凸针杆藻小头变种	*Synedra vaucheriae* var. *capitellate*
	舟形藻	*Navicula* sp.
	长圆舟形藻	*Navicula oblonga*
	简单舟形藻	*Navicula simplex*
	瞳孔舟形藻	*Navicula pupula*

（续）

门	种类	
	中文名	拉丁文名
硅藻门 Bacillariophyta	喙头舟形藻	*Navicula rhynchocephala*
	短小舟形藻	*Navicula exigua*
	小头舟形藻	*Navicula capitata*
	英吉利舟形藻	*Navicula anglica*
	弧形蛾眉藻	*Ceratoneis arcus*
	弧形蛾眉藻双尖变种	*Ceratoneis arcus* var. *amphioxys*
	弧形蛾眉藻直变种	*Ceratoneis arcus* var. *recta*
	环状扇形藻	*Meridion circulare*
	环状扇形藻缢缩变种	*Meridion circulare* var. *constricta*
	胡斯特桥弯藻	*Cymbella hustedtii*
	箱形桥弯藻	*Cymbella cistula*
	细小桥弯藻	*Cymbella gracilis*
	桥弯藻	*Cymbella* sp.
	偏肿桥弯藻	*Cymbella ventricosa*
	微细桥弯藻	*Cymbella parva*
	尖辐节藻	*Stauroneis acuta*
	双头辐节藻	*Stauroneis anceps*
	脆杆藻	*Fragilaria* sp.
	钝脆杆藻	*Fragilaria capucina*
	短线脆杆藻	*Fragilaria brevistriata*
	羽纹脆杆藻	*Fragilaria pinnata*
	变异脆杆藻	*Fragilaria virescens*
	变异脆杆藻中狭变种	*Fragilaria virescens* var. *mesolepta*
	羽纹藻	*Pinnularia* sp.
	波形羽纹藻	*Pinnularia undulata*
	北方羽纹藻	*Pinnularia borealis*
	双尖菱板藻小头变型	*Hantzschia amphioxys* f. *capitata*
	近线形菱形藻	*Nitzschia sublinearis*

（续）

门	种类	
	中文名	拉丁文名
硅藻门 Bacillariophyta	池生菱形藻	*Nitzschia stagnorum*
	美丽星杆藻	*Asterionella formosa*
	变异直链藻	*Melosira varians*
	颗粒直链藻	*Melosira granulata*
	直链藻	*Melosira* sp.
	小环藻	*Cyclotella* sp.
	条纹小环藻	*Cyclotella striata*
	扭曲小环藻	*Cyclotella comta*
	具星小环藻	*Cyclotella stelligera*
	等片藻	*Diatoma* sp.
	普通等片藻	*Diatoma vulgare*
	长等片藻	*Diatoma elongatum*
	双壁藻	*Diploneis* sp.
	橄榄形异极藻	*Gomphonema olivaceum*
	缢缩异极藻	*Gomphonema constrictum*
	异极藻	*Gomphonema* sp.
	双菱藻	*Surirella* sp.
	卵形双菱藻羽纹变种	*Surirella ovate* var. *pinnata*
	弯形弯楔藻	*Rhoicosphenia curvata*
绿藻门 Chlorophyta	蛋白核小球藻	*Chlorella pyrenoidosa*
	普通小球藻	*Chlorella vulgaris*
	椭圆小球藻	*Chlorellaellipsoidea*
	丝藻	*Ulothrix* sp.
	四刺顶棘藻	*Chodatella quadriseta*
	栅藻	*Scenedesmus* sp.
	双形栅藻	*Scenedesmus dimorphus*
	四尾栅藻	*Scenedesmus quadricauda*
	斜列栅藻	*Scenedesmus obliquus*

（续）

门	种类	
	中文名	拉丁文名
绿藻门 Chlorophyta	柱状栅藻	*Scenedesmu sbijuga*
	二角盘星藻	*Pediastrum duplex*
	盘星藻	*Pediastrum* sp.
	空球藻	*Eudorina* sp.
	多芒藻	*Golenkinia* sp.
	集星藻	*Actinastrum* sp.
绿藻门 Chlorophyta	空星藻	*Coelastrum* sp.
	纤维藻	*Ankistrodesmus* sp.
	螺旋纤维藻	*Ankistrodesmus spiralis*
	鼓藻	*Cosmarium* sp.
	新月藻	*Closterium* sp.
	小球藻	*Chlorella* sp.
	衣藻	*Chlamydomonas* sp.
	卵形衣藻	*Chlamydomonas ovalis*
	小球衣藻	*Chlamydomonas microsphaera*
	绿球藻	*Chlorococcum* sp.
蓝藻门 Cyanophyta	针晶蓝纤维藻镰刀型	*Dactylococcopsis rhaphidioides*
	水华束丝藻	*Aphanizomenon flosaquae*
	细小平裂藻	*Merismopedia minima*
	针状蓝纤维藻	*Dactylococcopsis acicularis*
	颤藻	*Oscillatoria* sp.
	黏球藻	*Gloeocapsa* sp.
金藻门 Chrysophyta	微红金颗藻	*Chrysococcus rufescens*
	锥囊藻	*Dinobryon* sp.
黄藻门 Xanthophyta	黄丝藻	*Tribonema* sp.
裸藻门 Euglenophyta	裸藻	*Euglena* sp.
	囊裸藻	*Trachelomonas* sp.

（续）

门	种类	
	中文名	拉丁文名
隐藻门 Cryptophyta	尖尾蓝隐藻	*Chroomonas acuta*
	啮蚀隐藻	*Cryptomonas erosa*
	蓝隐藻	*Chroomonas* sp.
	卵形隐藻	*Cryptomonas ovata*

附表7　图们江流域浮游动物种类组成

类别	种类	
	中文名	拉丁文名
原生动物 Protozoa	普通表壳虫	*Arcella vulgaris*
	沙壳虫	*Difflugia* sp.
	球形沙壳虫	*Difflugia globulosa*
	尖顶沙壳虫	*Difflugia acuminata*
	冠砂壳虫	*Difflugia corona*
	侠盗虫	*Strobilidium* sp.
	筒壳虫	*Tintinnidium* sp.
	恩氏筒壳虫	*Tintinnidium entzii*
	帽形侠盗虫	*Strombidium velix*
	似铃壳虫	*Tintinnopsis* sp.
	焰毛虫	*Askenasia* sp.
	伪多核虫	*Pseudodileptus* sp.
轮虫 Rotifera	臂尾轮虫	*Brachionus* sp.
	矩形臂尾轮虫	*Brachionus leydigi*
	蒲达臂尾轮虫	*Brachionus budapestiensis*
	萼花臂尾轮虫	*Brachionus calyciflorus*
	壶状臂尾轮虫	*Brachionus urceus*
	方形臂尾轮虫	*Brachionus quadridentatus*
	角突臂尾轮虫	*Brachionus angularis*
	曲腿龟甲轮虫	*Keratella valga*
	螺形龟甲轮虫	*Keratella cochlearis*

（续）

类别	种类	
	中文名	拉丁文名
轮虫 Rotifera	矩形龟甲轮虫	*Keratella quadrata*
	单趾轮虫	*Monostyla* sp.
	月形单趾轮虫	*Monostyla lunaris*
	针簇多肢轮虫	*Polyarthra trigla*
	长三肢轮虫	*Filinia longiseta*
	唇形叶轮虫	*Notholca labis*
	尖削叶轮虫	*Notholca acuminata*
	异尾轮虫	*Trichocerca* sp.
轮虫 Rotifera	三肢轮虫	*Filinia* sp.
	迈氏三肢轮虫	*Filinia maior*
	叶轮虫	*Notholca* sp.
	前节晶囊轮虫	*Asplanchna priodonta*
	晶囊轮虫	*Asplanchna* sp.
	同尾轮虫	*Diurella* sp.
枝角类 Cladocera	象鼻溞	*Bosmina* sp.
	柯氏象鼻溞	*Bosmina coregoni*
	透明溞	*Daphnia hyalina*
桡足类 Copepoda	某种剑水蚤	Cyclopidae
	剑水蚤	*Macrocyelops cyclops* sp.
	无节幼体	Nauplius
	桡足幼体	Copepodid

附表 8　图们江流域底栖动物种类组成

类别	目	科	种类
软体动物 Mollusca	基眼目 Basommatophora	椎实螺科 Lymnaeidae	耳萝卜螺 *Radix auricularia*
			长萝卜螺 *Radix pereger*
		田螺科 Viviparidae	铜锈环棱螺 *Bellamya aeruginosa*
		黑螺科 Melaniidae	黑龙江短沟蜷 *Semisulcospira amurensis*
	真瓣鳃目 Eulamellibranchia	蚌科 Unionidae	圆顶珠蚌 *Unio douglasiae*

（续）

类别	目	科	种类
环节动物 Annelida	吻蛭目 Rhynchobdellida	舌蛭科 Glossiphoniidae	宽身舌蛭 *Glossiphonia lata*
			静泽蛭 *Helobdella stagnalis*
	颤蚓目 Tubificida	颤蚓科 Tubificidae	霍甫水丝蚓 *Limnodrilus hoffmeisteri*
水生昆虫 Aquatic insects	半翅目 Hemiptera	水黾科 Gerridae	微黾蝽 *Hebrus* sp.
	蜉蝣目 Ephemeroptera	蜉蝣科 Ephemeridae	蜉蝣属 *Ephemera* sp.
		寡脉蜉科 Oligoneuriidae	*Paraleptophelebia* sp.
			Dpteromimus sp.
		短丝蜉科 Siphlonuridae	日本等蜉 *Isonychia japonica*
			二点短丝蜉 *Siphlonurus binotatus*
			Ameletus castalis
			Dpteromimus tipuliformis
			Dipteromimus sp.
		四节蜉科 Baetidae	生米蜉 *Baetis therimicus*
		扁蜉科 Heptageniidae	*Epeorus uenori*
			Cinygma hirasama
			Bleptus fasciatus
			高翔蜉属 *Epeorus* sp.
			奇埠扁蚴蜉 *Ecdyonurus kibunensis*
		小蜉科 Ephemerellidae	*Ephemerella* sp. - 1
			Ephemerella sp. - 2
			Ephemerella sp. - 3
			Ephemerella sp. - 4
			Ephemerella trispina
	襀翅目 Plecoptera	襀科 Perlidae	*Caroperla padfica*
			Kiotina sp.
			Perla tibialis
			Ostrovus mitsukonis
		无翅石蝇科 Scopuridae	无翅石蝇科一种 Scopuridae
			Caroperla padfica

（续）

类别	目	科	种类
水生昆虫 Aquatic insects	毛翅目 Trichoptera	毛石蛾科 Sericostomatidae	*Gumaga* sp.
		原石蛾科 Rhyacophilidae	*Rhyacophilila* sp.
			Himalopsyche japonica
		枝石蛾科 Calamoceratidae	*Amisocentropus immunis*
		沼石蛾科 Limnephilidae	*Limnephilius* sp.
		纹石蛾科 Hydropsychidae	灰纹石蛾 *Hydropsyche ulmeri*
			Diplectrona sp.
	双翅目 Diptera	细腰蚊科 Ptychopteridae	褶蚊属 *Ptychoptera* sp.
		摇蚊科 Chironomidae	羽摇蚊 *Chironomus plumosus*
			中华摇蚊 *Chironomus sinicus*
			倒毛摇蚊属一种 *Microtendipes* sp.
			分齿恩非摇蚊 *Einfeldia dissidens*
			黄色多足摇蚊 *Polypedilum flavum*
		大蚊科 Tipulidae	*Tipula* sp.
			绵大蚊属 *Erioptera* sp.
		蚋科 Simuliidae	蚋属 *Simulium* sp.
		蠓科 Ceratopogonidae	蠓科一种 Ceratopogonidae
	鞘翅目 Coleoptera	牙甲科 Hydrophilidae	沼牙虫属 *Laccobius* sp.
	蜻蜓目 Odonata	箭蜓科 Gomphidae	*Davidius nanus*
			Lanthus fujiacus
			Gomphus nagoyanus
			黑丽翅蜻 *Rhyothemis fuliginosa*
			春蜓属一种 *Gomphus* sp.
		色蟌科 Calopterygidae	*Calopteryx cornelia*
甲壳动物 Crustacean	端足目 Amphipoda	钩虾科 Gammaridae	钩虾 *Gammarus* sp.
扁形动物 Platyhelminthes	三肠目 Tricladida	扁涡虫科 Planariidae	真涡虫属 *planaria* sp.

附表 9　图们江流域水生维管植物名录

类别	科	占比 (%)	种
双子叶植物 Dicotyledons	蓼科 Polygonaceae	4	两栖蓼 *Polygonum amphibium*
			水蓼 *Polygonum hydropiper*
	石竹科 Caryophyllaceae	4	细叶繁缕 *Stellaria filicaulis*
			伞繁缕 *Stellaria longifolia*
	毛茛科 Ranunculaceae	9	白花驴蹄草 *Caltha natans*
			茴茴蒜 *Ranunculus chinensis*
			浮毛茛 *Ranunculus natans*
			松叶毛茛 *Ranunculus reptans*
			石龙芮 *Ranunculus sceleratus*
	虎耳草科 Saxifragaceae	2	互叶金腰 *Chrysosplenium alternifolium*
	蔷薇科 Rosaceae	2	沼委陵菜 *Comarum palustre*
	牻牛儿苗科 Geraniaceae	2	灰背老鹳草 *Geranium wlassowianum*
	小二仙草科 Haloragidaceae	2	轮叶狐尾藻 *Myriophyllum verticillutum*
	杉叶藻科 Hippuridaceae	2	杉叶藻 *Hippuris vulgaris*
	报春花科 Primulaceae	4	球尾花 *Lysimachia thyrsiflora*
			红花粉叶报春 *Primula farinosa*
	龙胆科 Gentianaceae	2	荇菜 *Nymphoides peltata*
	唇形科 Labiatae	2	狭叶黄芩 *Scutellaria regeliana*
	菱科 Trapaceae	11	格菱 *Trapa pseudoincisa*
			科热夫尼科夫菱 *Trapa kozhevnikovirum*
			东北菱 *Trapa manshurica*
			兴凯菱 *Trapa khankensis*
			野菱 *Trapa incisa*
			冠菱 *Trapa litwinowii*
	睡莲科 Nymphaeaceae	2	莲 *Nelumbo nucifera*
	眼子菜科 Potamogetonaceae	4	钝脊眼子菜 *Potamogeton octandrus*
			角果藻 *Zannichellia palustris*
	茅膏菜科 Droseraceae	2	貉藻 *Aldrovanda vesiculosa*

（续）

类别	科	占比 （%）	种
单子叶植物 Monocotyledons	香蒲科 Typhaceae	2	达香蒲 *Typha davidiana*
	黑三棱科 Sparganiaceae	4	小黑三棱 *Sparganium simplex*
			塔果黑三棱 *Sparganium polyedrum*
	水麦冬科 Juncaginaceae	2	水麦冬 *Triglochin palustre*
	禾本科 Gramineae	11	芦苇 *Phragmites communis*
			看麦娘 *Alopecurus aequalis*
			茵草 *Beckmannia syzigachne*
			大叶章 *Deyeuxia langsdorffii*
			小叶章 *Deyeuxia angustifolia*
			野稗 *Echinochloa crusgalli*
	莎草科 Cyperaceae	20	水葱 *Scirpus tabernaemontani*
			灰脉薹草 *Carex appendiculata*
			丛薹草 *Carex caespitosa*
			扁囊薹草 *Carex coriophora*
			球穗薹草 *Carex amgunensis*
			湿薹草 *Carex humida*
			膨囊薹草 *Carex lehmanii*
			中间型荸荠 *Eleocharis intersita*
			乳头基荸荠 *Eleocharis mamillata*
			东方藨草 *Scirpus orientalis*
			扁杆藨草 *Scirpus planiculmis*
单子叶植物 Monocotyledons	灯心草科 Juncaceae	4	细灯心草 *Juncus gracillimus*
			乳头灯心草 *Juncus papillosus*
	鸢尾科 Iridaceae	2	溪荪 *Iris nertschinskia*
	茨藻科 Najadaceae	2	东方茨藻 *Najas orientalis*
	花蔺科 Butomaceae	2	花蔺 *Butomus umbellatus*

图书在版编目（CIP）数据

图们江流域水生生物资源及生境现状／霍堂斌，户
国，王继隆主编 . —北京：中国农业出版社，2022.12
ISBN 978-7-109-30305-8

Ⅰ.①图… Ⅱ.①霍… ②户… ③王… Ⅲ.①图们江
—流域—水生生物—生物资源—研究②图们江—流域—水
环境—研究 Ⅳ.①Q178.1②X143

中国版本图书馆 CIP 数据核字（2022）第 238372 号

中国农业出版社出版

地址：北京市朝阳区麦子店街 18 号楼
邮编：100125
责任编辑：王金环　肖　邦
版式设计：书雅文化　　责任校对：吴丽婷
印刷：北京通州皇家印刷厂
版次：2022 年 12 月第 1 版
印次：2022 年 12 月北京第 1 次印刷
发行：新华书店北京发行所
开本：700mm×1000mm　1/16
印张：13.25　　插页：6
字数：205 千字
定价：78.00 元

崇善镇（春）

pH 7.85，溶解氧 9.32 mg/L，透明度 0.15 m，流速 0.8～1.2 m/s，水温 13 ℃，平均水深 1.2 m，底质主要为卵石、石砾和细沙，周边无农田

南坪镇（春）

pH 7.88，溶解氧 9.21 mg/L，透明度 0.1 m，流速 0.5～1.1 m/s，水温 12 ℃，平均水深 0.9 m，底质主要为卵石、石砾和细沙，周边有少量农田

白金（秋）

pH 7.78，溶解氧 9.10 mg/L，透明度 0.2 m，流速 0.6～1.3 m/s，水温 12 ℃，平均水深 1.5 m，底质主要为卵石、石砾和细沙，周边无农田

三合镇（春）

pH 7.78，溶解氧 8.75 mg/L，透明度 0.15 m，流速 0.8～1.1 m/s，水温 11 ℃，平均水深 1.3 m，底质主要为卵石、石砾和细沙，周边无农田

香干子沟（春）

pH 7.88，溶解氧 10.10 mg/L，透明度 0.2 m，流速 0.5～1.1 m/s，水温 12 ℃，平均水深 2.5 m，底质主要为卵石、石砾和细沙，周边无农田

沙坨子（秋）

pH 7.85，溶解氧 9.73 mg/L，透明度 0.2 m，流速 0.6～1.1 m/s，水温 12 ℃，平均水深 1.3 m，底质主要为石砾和细沙，周边无农田

防川（春）

pH 7.85，溶解氧 8.60 mg/L，透明度 0.1 m，流速 0.6～1.1 m/s，水温 12 ℃，底质主要为石砾和细沙，周边无农田

沙金沟（春）

pH 7.82，溶解氧 11.35 mg/L，透明度 0.4 m，流速 0.7～1.2 m/s，水温 10 ℃，平均水深 0.5 m，底质主要为卵石和细沙，周边无农田

石人沟（春）

pH 7.91，溶解氧 10.22 mg/L，透明度 0.2 m，流速 0.6～1.3 m/s，水温 11 ℃，平均水深 0.6 m，底质主要为卵石、石砾和细沙，周边无农田

许家洞（夏）

水质清澈见底，流速 0.5～0.6 m/s，水温 13 ℃，平均水深 0.5 m，河宽 9 m，底质主要为小卵石、石砾和细沙，河道平坦地段有少量淤泥细沙层，周边有少量耕地、村庄

苗圃（夏）

透明度 0.3 m，流速 0.5～0.6 m/s，水温 15 ℃，平均水深 0.4 m，河宽 12 m，底质主要为小卵石、石砾，断面有旧桥，周边有苗圃、村庄

百里村（夏）

水质清澈见底，流速 0.5～0.6 m/s，水温 14 ℃，平均水深 0.5 m，河宽 12 m，海拔 718 m，底质主要为卵石、石砾，断面有桥，周边有苗圃、村庄、山林和少量耕地

百里村下游（夏）

　　水质清澈见底，流速 0.5～0.6 m/s，水温 14 ℃，平均水深 0.7 m，河宽 13 m，海拔 713 m，底质主要为卵石、石砾，周边主要为山林

长森岭（夏）

　　水质清澈见底，流速 0.5～0.6 m/s，水温 14 ℃，平均水深 0.5 m，河宽 15 m，海拔 766 m，底质主要为卵石，周边主要为山林

长红林场（夏）

　　水质清澈见底，流速 0.2～0.3 m/s，水温 13 ℃，平均水深 0.8 m，河宽 9 m，海拔 807 m，底质主要为石砾，周边主要为山林

红旗河桥（春）

　　pH 7.80，溶解氧 9.35 mg/L，透明度 0.15 m，流速 0.7～1.3 m/s，水温 11 ℃，平均水深 1.5 m，底质主要为石砾和细沙，周边无农田

天桥岭（春）

　　pH 7.82，溶解氧 10.65 mg/L，透明度 0.5 m，流速 0.6～1.2 m/s，水温 12 ℃，平均水深 0.6 m，底质主要为石砾和细沙，周边有农田

东明阁（春）

　　pH 7.68，溶解氧 8.26 mg/L，透明度 0.4 m，流速 0.4～0.6 m/s，水温 12 ℃，平均水深 1.5 m，底质主要为卵石、石砾和细沙，周边有农田

302 国道大桥（春）

pH 7.72，溶解氧 8.43 mg/L，透明度 0.3 m，流速 0.6～0.9 m/s，水温 12 ℃，平均水深 1.5 m，底质主要为石砾和细沙，周边有农田

八人沟林场（秋）

pH 7.98，溶解氧 10.21 mg/L，透明见底，流速 0.6～1.0 m/s，水温 12 ℃，平均水深 0.5 m，底质主要为石砾、细沙，周边无农田

响水林场（秋）

pH 7.91，溶解氧 10.62 mg/L，透明见底，流速 0.6～1.2 m/s，水温 11 ℃，平均水深 0.4 m，底质主要为卵石和石砾，周边无农田

大石林场（秋）

pH 7.96，溶解氧 11.18 mg/L，透明见底，流速 0.5～1.0 m/s，水温 11 ℃，平均水深 0.3 m，底质主要为卵石和石砾，周边无农田

塔子沟（夏）

pH 7.90，溶解氧 9.35 mg/L，透明见底，流速 0.5～0.7 m/s，水温 13 ℃，平均水深 0.3 m，底质主要为石砾和细沙，周边有农田

三道沟（春）

pH 7.98，溶解氧 11.45 mg/L，透明见底，流速 0.7～1.4 m/s，水温 10 ℃，平均水深 0.6 m，底质主要为卵石和石砾，周边无农田

梨树沟（秋）

　　pH 7.86，溶解氧 10.35 mg/L，透明见底，流速 0.6～1.0 m/s，水温 12 ℃，平均水深 0.5 m，底质主要为石砾和细沙，周边无农田

太平沟（秋）

　　pH 7.92，溶解氧 10.35 mg/L，透明见底，流速 0.5～0.9 m/s，水温 12 ℃，平均水深 0.6 m，底质主要为石砾和细沙，周边无农田

老龙口坝下（秋）

　　pH 7.68，溶解氧 11.32 mg/L，透明度 0.5 m，流速 0.8～1.2 m/s，水温 11 ℃，平均水深 0.2 m，河宽 126 m，底质主要为石砾、细沙

杨泡（秋）

　　pH 7.63，溶解氧 11.40 mg/L，透明度 0.5 m，流速 0.6～1.1 m/s，水温 12 ℃，平均水深 0.4 m，河宽 255 m，底质主要为卵石、细沙

马川子（秋）

　　pH 7.96，溶解氧 11.81 mg/L，透明度 0.4 m，流速 0.6～0.9 m/s，水温 12 ℃，平均水深 1.1 m，河宽 365 m，底质主要为卵石、细沙

珲春桥（夏）

　　pH 7.97，溶解氧 11.42 mg/L，透明度 0.3 m，流速 0.6～0.9 m/s，水温 13 ℃，平均水深 1.2 m，河宽 224 m，底质主要为细沙

兰家趟子（秋）

　　pH 7.90，溶解氧 10.35 mg/L，透明度 0.15 m，流速 0.6～1.0 m/s，水温 11 ℃，平均水深 0.4 m，底质主要为石砾和细沙，周边无农田

珲春河口（夏）

　　pH 7.92，溶解氧 10.42 mg/L，透明度 0.2 m，流速 0.6～0.9 m/s，水温 13 ℃，平均水深 1.8 m，河宽 159 m，底质主要为石砾、细沙

三安村

　　pH 8.03，溶解氧 13.02 mg/L，透明见底，流速 0.6～1.1 m/s，水温 10 ℃，平均水深 0.4 m，河宽 22 m，底质要为卵石、细沙

中岗村

　　pH 7.85，溶解氧 10.94 mg/L，透明见底，流速 0.6～1.1 m/s，水温 10 ℃，平均水深 0.4 m，河宽 55 m，底质主要为卵石、细沙

窑房子

　　pH 8.06，溶解氧 12.98 mg/L，透明见底，流速 0.4～0.6 m/s，水温 10 ℃，平均水深 0.3 m，河宽 15 m，底质主要为卵石、细沙

下洼村

　　pH 8.12，溶解氧 12.61 mg/L，透明见底，流速 1.1～1.6 m/s，水温 10 ℃，平均水深 0.4 m，河宽 44 m，底质主要为卵石、细沙

密江河口

　　pH 7.63，溶解氧 11.53 mg/L，透明度 0.2 m，流速 0.8～1.2 m/s，水温 10 ℃，平均水深 0.6 m，河宽 57 m，底质主要为卵石、细沙

崇山村（春）

　　pH 7.68，溶解氧 8.18 mg/L，透明度 0.2 m，流速 0.5～0.9 m/s，水温 12 ℃，平均水深 0.7 m，底质主要为石砾和细沙，周边有农田

老头沟（春）

　　pH 7.71，溶解氧 8.45 mg/L，透明度 0.4 m，流速 0.5～0.8 m/s，水温 12 ℃，平均水深 0.7 m，底质主要为石砾和细沙，周边无农田

长安（春）

　　pH 7.65，溶解氧 8.23 mg/L，透明度 0.3 m，流速 0.5～0.9 m/s，水温 12 ℃，平均水深 0.7 m，底质主要为石砾和细沙，周边有农田

新建屯（夏）

　　pH 7.82，溶解氧 10.65 mg/L，透明见底，流速 0.7～1.2 m/s，水温 11 ℃，平均水深 0.5 m，底质主要为卵石和和石砾，周边有无农田

关门（春）

pH 7.81，溶解氧 9.13 mg/L，透明度 0.15 m，流速 0.7～1.3 m/s，水温 11 ℃，平均水深 1.3 m，底质主要为卵石、石砾和细沙，周边无农田

水东（秋）

pH 7.9，溶解氧 8.22 mg/L，透明度 0.4 m，流速 0.3～0.4 m/s，水温 12 ℃，平均水深 1.1 m，底质主要为石砾和细沙，周边无农田

王集坪（秋）

pH 7.91，溶解氧 10.13 mg/L，透明见底，流速 0.5～1.0 m/s，水温 11 ℃，平均水深 0.6 m，底质主要为卵石、石砾和细沙，周边无农田

松下坪（秋）

pH 7.87，溶解氧 10.63 mg/L，透明度 0.15 m，流速 0.4～0.8 m/s，水温 11 ℃，平均水深 0.5 m，底质主要为卵石、石砾和细沙，周边无农田

河东村（秋）

pH 7.82，溶解氧 10.15 mg/L，透明见底，流速 0.5～0.9 m/s，水温 11 ℃，平均水深 0.6 m，底质主要为石砾和细沙，周边无农田

细鳞鲑

马苏大麻哈鱼（引自郑伟）

花羔红点鲑（引自张永泉）

东北七鳃鳗

雷氏七鳃鳗

三块鱼

大麻哈鱼

日本七鳃鳗

驼背大麻哈鱼（引自马波）

剪脂鳍标记　　　　　　　　　　　耳石温度标记

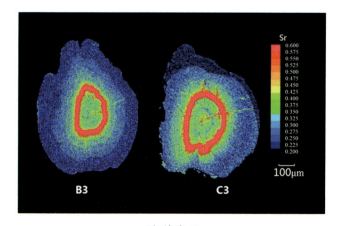

耳石锶标记

大麻哈鱼增殖放流标记方法

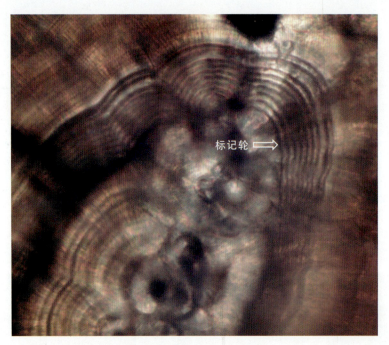

标记轮 ⟹

大麻哈鱼耳石温度标记效果